工程软件职场应用实例精析丛书

VERICUT 8.2 数控仿真应用教程

主 编 张 键

参 编 张声俊

机械工业出版社

本书可帮助读者解决 VERICUT 使用中的基本问题与高级问题。全书共分 10 章，第 1 章讲解控制系统的设定；第 2 章讲解数控车床的搭建与仿真应用；第 3 章讲解车铣复合机床的搭建；第 4 章讲解模型位置配置与多工位仿真；第 5 章讲解 VERICUT 的分析与测量；第 6 章讲解 VERICUT 与 UG、Mastercam 的连接；第 7 章讲解三轴数控铣床、四轴加工中心的搭建与仿真应用；第 8 章讲解五轴加工中心的搭建与仿真应用；第 9 章讲解机床附件动作设置；第 10 章讲解程序优化。为便于读者学习，可用手机扫描书中二维码下载相关模型文件和演示视频。同时为广大读者提供 QQ 群（529012116）交流平台，便于及时答疑解惑。

本书可供职业院校数控技术应用专业学生和企业的数控技术人员学习和使用。

QQ 读者交流群

微信扫一扫可下载和观看
相关模型文件和演示视频

图书在版编目（CIP）数据

VERICUT 8.2数控仿真应用教程/张键主编. —北京：机械工业出版社，2020.3（2025.1重印）
（工程软件职场应用实例精析丛书）

ISBN 978-7-111-64904-5

Ⅰ. ①V… Ⅱ. ①张… Ⅲ. ①数控机床—加工—计算机辅助设计—应用软件

Ⅳ. ①TG659

中国版本图书馆CIP数据核字（2020）第035955号

机械工业出版社（北京市百万庄大街22号 邮政编码100037）
策划编辑：周国萍　责任编辑：周国萍
责任校对：樊钟英　封面设计：马精明
责任印制：张　博
北京建宏印刷有限公司印刷
2025年1月第1版第7次印刷
184mm×260mm・12印张・289千字
标准书号：ISBN 978-7-111-64904-5
定价：59.00元

电话服务　　　　　　　　网络服务
客服电话：010-88361066　机　工　官　网：www.cmpbook.com
　　　　　010-88379833　机　工　官　博：weibo.com/cmp1952
　　　　　010-68326294　金　书　网：www.golden-book.com
封底无防伪标均为盗版　机工教育服务网：www.cmpedu.com

前　言

VERICUT 仿真软件有着强大的功能，它能够自定义机床床身结构（与实际机床相匹配）、刀具结构和夹具结构，定义刀具安装位置，以及自定义控制系统的功能（数控系统、系统变量和宏功能）；能够模拟实际机床真实的传动过程，比如可以仿真真实的螺纹形态以及螺旋结构（能看得出是左旋还是右旋，目前国内的仿真软件只能仿真出螺纹的一个牙型，看起来只是一串槽形）；还可以进行探头仿真以及 3D 打印的仿真和多工位仿真，譬如第一工序为车削、第二工序为铣削、第三工序为磨削等，并能够调用车间内的相关机床模型进行实际的仿真，提高了企业的加工效率，减少了加工人员犯错误的概率。可以说有了 VERICUT，将不会出现撞机、撞刀、撞夹具、过切等重大错误。在 VERICUT 8.2 版本中，数控程序优化功能、Force 切削力优化可以创建高度优化的车削、铣削数控程序；每转进给量、每分钟进给量和恒线速支持模式降低了刀具损坏引起的工件报废的概率。VERICUT 软件的仿真速度极快，几万条代码的数控程序可以在极短的时间内运行并得到仿真结果。

在编写本书之前，遇到很多数控编程相关人员，他们用 VERICUT 的基本需求就是使用已经建立好的模型来仿真，在仿真过程中常常会遇到调用车床模块、三、四轴数控铣模块、五轴模块等，其实他们所说的模块就是我们的仿真环境。建立起好的仿真环境就可以直接用于企业加工前的仿真与监测。

本书从读者角度出发，帮助读者解决数控仿真的基本需求，如调用机床模型、创建自定义刀具、G-代码偏置（对刀）确定加工坐标系、添加程序仿真、检查自己编制的宏程序变量是否有问题、检查仿真的结果是否与真实零件吻合、检查进 / 退刀时的碰撞、检查五轴程序是否超程或与机床其他部件碰撞、多工位仿真等。更高级的需求就是优化程序，监控加工中的各种参数是否合适，如加工时间、加工深度、体积去除率、切削厚度、径向 / 轴向力、机床力、扭矩等。还有一些更高级的应用，如用指令定义机床附件的动作、让夹具自动夹紧与松开、换刀动作的定义、机床门的开关、尾座的移动、换主轴头动作的定义等。

本书着重于数控系统的配置与应用讲解，帮助读者实现简单数控机床的仿真过程，例如两轴数控车床、车铣复合机床、三轴数控铣床、四轴加工中心、五轴加工中心的搭建与系统的选配。全书共分 10 章。各章具体内容如下：

第 1 章讲解配置字格式、字 / 地址、控制设定、控制系统变量的原理与相关案例，以及如何利用系统帮助说明书查询相关宏指令的含义及使用方法。

第 2 章讲解几种数控车床的结构配置，例如平床身四方刀塔、排刀机、车方机的搭建。以斜床身 12 方刀塔为例，讲解刀塔助手的使用，并仿真一个异形螺纹案例进行仿真监控、尺寸测量与变量跟踪，包括了 FANUC 系统的 G32 螺纹分头功能，旋转起始角 Q 指令的配置，修改支持华中数控的宏指令格式案例。其中重点讲解了刀具的创建、定义刀具和刀具空间上的移动与旋转及刀具补偿的应用。

第 3 章讲解搭建车铣复合机床。

第 4 章讲解模型的移动与组合、多工位仿真。

第 5 章讲解 VERICUT 的分析与测量功能。

第 6 章讲解 VERICUT 与 UG、Mastercam 连接的具体步骤，以及如何解决在 Mastercam 中打开 VERICUT 窗口的中文乱码问题。

第 7 章讲解三轴数控铣床、四轴加工中心的搭建与仿真应用。

第 8 章 讲解五轴加工中心的搭建与仿真应用，含有 RPCP 与无 RPCP 的叶轮仿真案例及五轴加工中心仿真案例讲解。

第 9 章讲解机床附件动作设置。

第 10 章讲解如何利用练习案例来学习程序优化，主要包含了 OptiPath 与 Force 的应用。

全书由张键任主编、张声俊参编，本书第 2 章中车方机的搭建与应用获得了张宁先生的技术支持，本书部分章节获得了北京精品创业科技有限公司李德宁先生的帮助。感谢微智造 APP 及刘棋老师对编者的大力支持。

因时间仓促和个人水平有限，书中难免有错误和疏漏之处，请广大读者批评指正。

本书可供职业院校数控技术应用专业学生和企业的数控技术人员学习和使用。

张键

QQ 读者交流群

微信扫一扫可下载和观看
相关模型文件和演示视频

目　录

第1章

控制系统的设定

大多数读者并不想知道数控系统（即控制系统）是如何定义的，只想把建好的仿真环境直接拿来用，因 VERICUT 的一些控制系统是需要修改的，或机床模型的有些尺寸与自己所在单位的机床不符合。这就需要学习一些控制系统的原理与 VERICUT 的原理，第 1 章介绍控制系统是如何定义以及一些软件的规则，如果读者不具备相关的知识基础，建议直接挑选后面对自己有用的章节进行学习。市面上的数控系统繁多，要使仿真软件支持众多的控制系统功能，那么就需要提供开放式的系统定义功能，无论是什么系统指令，甚至一些不是国际通用的 G 代码指令，VERICUT 仍然可通过自定义的方式使它支持。下面将学习 VERICUT 是如何解释一些 G 代码功能和原理的。

1.1 机床 / 控制系统

数控机床的控制系统信息通常位于配置菜单中，"机床 / 控制系统"菜单下的控制选项（字格式、字地址、控制设定和高级控制选项等，见图 1-6）用于定义机床上的 NC 控件如何处理机床代码数据，即"G 代码"数据。

1.1.1 构建 NC 控制

VERICUT 是由 CGTech 公司提供的，它支持以 EIA STD RS-274 格式处理 M 和 G 代码数据，以及一些会话格式；提供强大的用户接口，如 C 宏扩展 - 应用程序编程接口或 CME-API（二次开发数据接口）。在 VERICUT 开发工具部分的 CGTech 帮助库中，可以添加对非标准代码（自定义代码）和格式的支持。

所有与控制相关的信息都保存在一个控制文件中。在该文件中，它可以与具有相同或类似 NC 控制特性的机床配对。可以在左侧树状工具栏中双击打开，如图 1-1 所示。

图 1-1

也可以使用 VERICUT 提供的控制系统库来进行配对，可以使用图 1-2 所示的菜单打开控制系统库里的控制系统文件。这些控制系统文件能够快速配置 VERICUT，如图 1-3 所示。

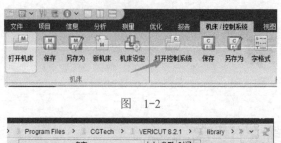

图　1-2

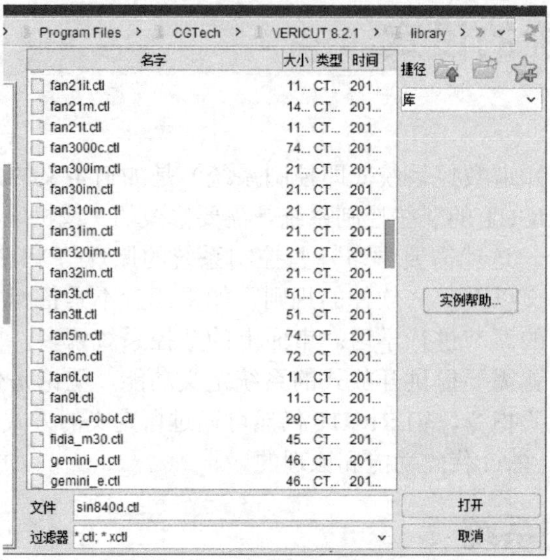

图　1-3

可用的 NC 控制系统可以直接在控制系统库中获得。以下各小节对控件构建过程进行介绍，并介绍将在 VERICUT 相关文档中出现的关键术语含义。

1.1.2　定义 G 代码词和特殊字符

在 VERICUT 中可以使用"字格式"窗口（图 1-7）定义由 NC 控件指定的 G 代码和特殊字符。使用此窗口还可以指定所设置的字符或单词的一般功能。对于需要与地址配对的单词，例如：定义 G0 快速移动命令的格式，是由名字为 G、类型为宏（其宏名是 MotionRapid）、公制格式为 2.1（2.1 代表最多支持 2 位数和小数点后面 1 位）构成的。"x"的格式是由类型为宏、次级类型为数字、公制格式为 5.4（5.4 代表最多支持 5 位数和小数点后 4 位）构成的。也可以定义一串英文单词来定义其 NC 控制系统所支持的格式，例如可以用 open door 和 close door 来定义机床门组件的开与关，使 NC 控制系统能认识这个命令。具体使用方法与功能用法将在 1.2 节中介绍。

1.1.3　将字地址分组以执行相关操作

字和一系列地址是配对的（每个字都会指向一个地址，而该地址存储的是一个特定功能的宏，如关闭转速等），或分组使用"G- 代码处理"窗口（图 1-4）功能。然后将每个组配置为执行一个或多个操作，方法是将它们配置为调用 CGTech 提供的宏或自定义宏。例如：要模拟停止 NC 机床的 M0，可以在 M_Misc 类别下添加一个字为 M，范围为 0，描述为程序停止，然后将宏配置为调用 StopProgram 宏。

如果要检查之前定义的代码是否与其他条件产生了冲突，可以利用工具中的"确认" 确认
功能使用左右箭头 ➡ ⬅ 来进行条件检查，以检查更改字/地址解释方式的条件是否有冲突，
例如块中的其他代码、当前变量值、机床状态等。例如 X 通常被定义为 X 轴运动。但是对
于块中的 G4，在控件中需要将 X 设置为"暂停时间"。这样设置才不会出现冲突。如果出
现冲突，系统的日志器上就会显示和什么范围出现了冲突，如 和G_Prep范围冲突 VERICUT 日志器 。

通过 CGTech 提供的宏来模拟大多数常见的机床和控制行为。宏操作可以更改，也可以
使用 C 宏扩展 - 应用程序编程接口（CME-API）创建新的宏（二次开发数据接口）。可以
为控件生成一个自定义的 CME 文件。

当由字/地址组调用时，宏将传递以下信息：

1）G 代码字作为字符串传递。

2）与 G 代码字关联的值作为数值传递，例如 1、30、12.345、1234。

3）与 G 代码字关联的值作为字符串传递，例如 01、30、12.345、1234。

上述三项中的两项可以在被执行之前被重写：覆盖值（覆盖 2）和覆盖文本（覆盖 3）。
此外，可以使用数学表达式通过覆盖值文本字段修改"作为值进行传递"。当前值使用美
元符号 \$ 表示。例如，重写值 \$*2，意思是将当前的值乘以 2，然后将修改后的值传递给宏。
这里要注意并非所有 CGTech 宏都遵守重写值或文本的规则。

1.1.4 控制模拟动作的顺序

模拟动作的顺序控制如下：

1）列出文字/地址类的顺序，控制执行相应的操作。

2）对于类别中各个组的所有相关操作，它们出现在 G 代码数据块中是按照前后顺序来
控制模拟的相关动作。

1.1.5 VERICUT 块处理示例

考虑图 1-4 所示的示例中关于 G 代码数据块"N20 G1 X1.0 Y2.0 F100.0"是如何处理的？

图 1-4

下面介绍 VERICUT 是如何处理此块中的信息的。根据控制字定义对块进行解析。假设定义了 G、X、Y 和 F 字，块被分成 N20、G1、X1.0、Y2.0、F100.0 五个部分。

1）VERICUT 检查是否可以由第一类"Specials"中的组解释任何块指令。N20 标记通过"N*"（* 为通配符，表示 N 后的所有值都为合法的，不会报警）组进行解释。由于具有任意值（*）的 N 被配置为调用序列宏，此代码被理解为块序列代码。

2）待处理的指令：G1、X1.0、Y2.0 和 F100.0（此时 N20 已被 VERICUT 处理）。检查的下一类是"States"（状态），它包含关于机床状态的信息，如运动模式（快速、线性、圆形、NURBS 样条线）、机械加工的主平面、测量系统、尺寸模式等。VERICUT 对 G1 标记进行解释，并调用运动线性宏来设置线性运动状态。

3）待处理的指令：X1.0、Y2.0 和 F100.0（此时 G1 已被 VERICUT 处理）。检查"Cycles"（循环），查看是否有与循环处理相关的代码。因为其余的指令都不处理循环，所以这个类别不会发生任何情况。

4）待处理的指令：X1.0、Y2.0 和 F100.0。在"Registers"（记录）中，解释所有剩余的代码。由于这个类别中有多个组被访问，因此将根据块中指令的列出顺序调用宏并执行操作：

① X1.0 调用 XAxisMotion 宏为 X 轴设置 1.0。

② Y2.0 调用 YAxisMotion 宏来设置 Y 轴位置 2.0。

③ F100.0 调用 FeedRate 宏将 100.0 设置为运动进给速率。

5）待处理的指令：无。在处理完所有指令后，VERICUT 将进行如下操作：机床的 X 和 Y 轴从当前位置移动到 X=1、Y=2，进给率为 100。

1.1.6 控制设定

"控制设定"窗口中的功能为设置 NC 控件的典型操作模式提供了一种简单的方法。控制设定主要用于为控件建立默认条件。同时这些功能扩展了系统的功能，详细说明了 VERICUT 如何解释特定类型的机床代码，例如圆、循环、旋转运动等。

1.1.7 高级控制选项

"高级控制选项"窗口中的选项提供了更多的 NC 控制功能，例如：指定 NC 控件中可用的子程序，在关键处理事件中执行操作（如开始刀具路径处理、开始处理块等），替换文本字符串等。大多数读者不需要这些高级功能。

1.1.8 初学者控制文件

在安装了 VERICUT（"library"文件夹）的库文件中包含了一组初学者控制文件，可以按原样使用，也可以快速修改以满足数控机床仿真的实际要求，如图 1-5 所示。

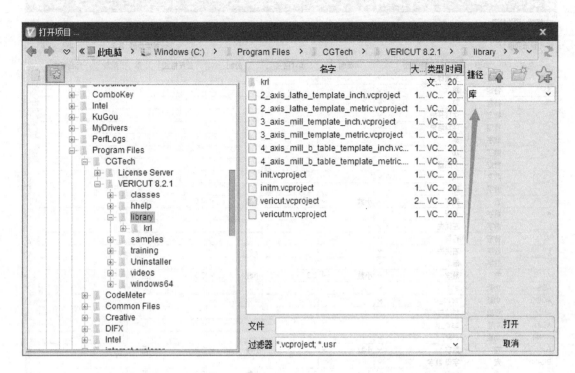

图 1-5

1.2 "字格式"窗口、"字格式"选项卡

字格式（图1-6）相当于创建了一个字，但这个字不具备具体功能，它的作用是让控制系统识别这个字的用法与组成。在字地址里可以赋予这个字的具体用途（让这个字可以有什么功能）。

图 1-6

打开"字格式"窗口，能够指定 NC 控件如何解释所设置的字，指定语法检查规则（错误条件）以检查 NC 程序文件的有效语法，如图 1-7 所示。一旦定义了字，就可以通过"机床 / 控制系统"→"字格式"选项（赋予字功能）将它们与地址值分组，通过调用 CGTech 提供的宏或自定义宏来执行特定的操作。未定义的单词在处理时会产生错误，而 VERICUT 不会对其进行操作。单词和特殊字符及其设置存储在控制文件中。

字格式 | **语法检查**

☑ 显示变量 | 搜索类型 名字 ▾

名字	类型		次级类型		英制	英寸格式	公制	公尺格式	乘	乘数	综合格式
#	特定	▾	变里标签	▾							
$$	特定	▾	跳	▾							
%	特定	▾	跳	▾							
(	特定	▾	注释开始	▾							
)	特定	▾	注释结束	▾							
*	数学	▾	乘	▾							
+	数学	▾	加	▾							
,	特定	▾	分离器	▾							
-	数学	▾	减	▾							
/	数学	▾	除	▾							
:	宏	▾	数字	▾	小数 ▾	4.0	小数 ▾	4.0	否 ▾		
=	数学	▾	分配	▾							
[	数学	▾	左优先	▾							
\N	特定	▾	行尾	▾							
]	数学	▾	右优先	▾							
^	数学	▾	倍率	▾							
A	宏	▾	数字	▾	小数 ▾	3.3	小数 ▾	3.3	否 ▾		
ABS	功能	▾	abs	▾							
ACOS	功能	▾	acos_d	▾							
AND	逻辑	▾	按位与	▾							
ASIN	功能	▾	asin_d	▾							
ATAN	功能	▾	atan_d	▾							
B	宏	▾	数字	▾	小数 ▾	3.3	小数 ▾	3.3	否 ▾		
BLANK	宏	▾	字母-数字	▾							
C	宏	▾	数字	▾	小数 ▾	3.3	小数 ▾	3.3	否 ▾		

添加 | 删除

确定 | 应用 | 取消

图 1-7

1.2.1 字格式选项功能

1. 名字

名字用于标识单词或特殊字符。每个单词名称必须是唯一的。

2. 类型

"类型"下拉菜单中的每一列都表示一个特定功能，能够定义 NC 控件如何解释该 G 代码或特殊字符，指定该字的作用类型，如图 1-8 所示。参数说明如下：

1）逻辑：逻辑表达式。

2）特定：访问特殊的数控控制功能。

3）数学：执行数学运算。

4）功能：调用 Function Name 字段中指定的控制功能。

5）类型 II：指定该单词是表示类型 II 数据命令的三字符，例如 AXO、CLS 等。

6）宏：字将与值配对，然后通过"机床 / 控制系统"菜单下的"字格式"功能进行配置，以调用一个或多个动作宏。

7）有条件的：与函数字类型类似，但执行多个函数除外，具体取决于单词使用的条件。

类型
特定 ▾
逻辑
特定
数学
功能
类型 II
宏
有条件的

图 1-8

有条件的词通常由 CGTech 或其他开发人员编写的用于定义字使用的特殊案例。

3. 次级类型

次级类型即子类型。子类型进一步区分词的功能。可用的子类型取决于名字的类型。

（1）逻辑子类型　各个逻辑表达式。包括相等、不相等、大于、大于或相等、小于、小于或相等、与、或、按位与、按位或和按位 XOR，如图 1-9 所示。

图　1-9

这些操作符应遵循标准的运算优先级规则。

注意：

对于复合方程，最好使用大括号或者小括号，以确保方程的处理顺序。并非所有控件都遵循标准的优先级规则。

（2）特定子类型　执行特殊控制功能的选项。单击"次级类型"字段并从下拉菜单的可用选项列表中选择。如图 1-10 所示。

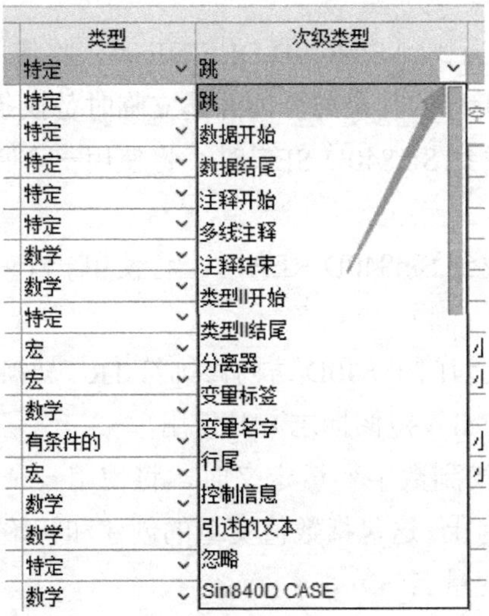

图　1-10

1）跳：如果跳字符是块中的第一个标记，则跳过 / 忽略整个块的其余部分。如果跳字符位于块中的其他位置，那么它将被视为"忽略"。

2）数据开始 / 数据结尾：表示要由控件处理的 G 代码数据的开始或结束。如果定义了 BEGIN 数据专用字而不指定结束数据字，则两者都使用 BEGIN 数据字。

3）注释开始：表示注释记录的开头。

4）多线注释：表示多个块注释记录的开头。

5）注释结束：表示注释记录的结尾。

6）类型 II 开始 / 类型 II 结尾：表示类型 II 格式记录的开始（或结束）。

7）分离器：用于分隔控件以不同方式操作的数据的字符，例如参数或值的列表。

8）变量标签：将后面的数字标识为可变寄存器号的字符，例如 #。示例：#100 表示引用变量寄存器号 100。

9）变量名字：它标识一个没有关联变量寄存器号的变量，例如 PPX（第二类可变格式）。

10）行尾：表示 G 代码数据块的结尾。

11）控制信息：将块标识为显示在数控系统控制器上的消息。

12）引述的文本：标识引用文本字符串的开始 / 结束分隔符。分隔引用文本字符串的默认字符是双引号（"）。必须将其定义为带有引文子类型的特殊类型单词。引用文本在列出 – 数字和列出 – 字母 – 数字类型中有效。

13）忽略：忽略刀具路径文件中的特定单词。

14）Sin840D CASE：当找到 Sin840D CASE 时，将使用一个特殊的 840D 解析器来处理块的其余部分。

15）Sin840D DEF：当找到 Sin840D DEF 时，将使用一个特殊的 840D 解析器来处理块的其余部分。

16）Sin840D REPEAT：当找到 Sin840D REPEAT 时，将使用一个特殊的 840D 解析器来处理块的其余部分。

17）Sin840D DEFINE：当找到 Sin840D DEFINE 时，将使用一个特殊的 840D 解析器来处理块的其余部分。它将分析行的其余部分，并建立临时替换条目。

18）Sin840D SET：当找到 Sin840D SET 时，将使用一个特殊的 840D 解析器来处理块的其余部分。

19）Sin840D REP：当找到 Sin840D REP 时，将使用一个特殊的 840D 解析器来处理块的其余部分。

20）正文自变量：在定义西门子 840D 访问修饰符 TR（转换值）、FI（精细值）、RT（旋转值）、SC（比例因子）和 MI（镜像标志）时使用。

21）数字变量定义：当找到数字变量定义时，将使用一个特殊的解析器来处理语句的剩余部分，直到结束字 endv 为止。这包括数值变量的创建和初始化，以及相应单词的创建（类型为"特殊"和子类型为"变量名"）。

22）FANUC SETVN：用于配置控件以使变量具有支持 FANUC SETVN 命令的别名。

在"字格式"窗口中将单词 SETVN 设置为特殊子类型 FANUC SETVN 并保存控制文件后，VERICUT 将读取 FANUC SETVN 命令，并为命令中的每个变量创建一个别名。

23）Okuma CALL：当找到 Okuma CALL 时，将使用一个特殊的 Okuma 解析器来处理块的其余部分。

24）EXECSTRING：用于支持西门子 840D EXECSTRING（执行字符号）。在 Sin840D 控件中，此命令用作具有单个字符串参数的函数。参数可以是任何表达式或字符串值。

25）Heid DEF：用于执行 Heidenhain 的 DEF 功能。DEF 本身是一个函数对象，定义了一个模块的变量，或者说是类的变量。

（3）数学子类型　用于执行数学操作的选项。如图 1-11 所示。部分选项说明如下：

类型	次级类型
数学	加
特定	加
特定	减
特定	乘
特定	除
特定	倍率
数学	左优先
数学	右优先
特定	分配
宏	模数
宏	整除
数学	并置字符串
有条件的	连接结构
宏	

图　1-11

1）倍率：用于将数字提升为幂。如 #1=3 POWER 2（意思是 3 的二次方，更常见的写法是 3^2）。

2）整除：数学运算符，将第一个数字（Value1）除以第二个数字（Value2），得出结果，并将结果分配给指定的单词，其中字可以是变量，也可以是机床组件。

3）连接结构：用于将控件配置为使用 Siemens 帧链接操作符"："。帧链接操作符用于在一个帧设置中组合两个或多个功能或帧的设置。

（4）功能子类型　在处理字时调用的控制函数。

（5）类型 II 子类型　描述类型 II 命令中所需的语法。

（6）宏子类型　指定控件如何解释单词后面的值或地址，如图 1-12 所示。选项说明如下：

类型	次级类型
宏	数字
特定	数字
特定	字母
特定	字母-数字
特定	综合-数字
特定	列出-数字
数学	列出-字母-数字
数学	字母-数字 + 引数
特定	文本字符串
宏	无

图　1-12

1）数字：将字值解释为数字。系统读取宏单词后面的数字字符，直到找到非数字字符，例如字母、符号或分隔符。非数字字符表示新词的开头。

2）字母：将单词值解释为字母表字符。系统读取宏单词后面的字母表字符，直到找到非字母字符，例如数字、符号或分隔符。

3）字母－数字：将字值解释为字母－数字文本字符串。系统读取宏字后面的字符，直到找到符号或分隔符字符为止。

如果字被定义为具有字母－数字值，那么该字将被定义为相应的值。

如果文本值对应现有变量，则传递的值将是对应变量的内容。

如果文本值对应变量标记，后面跟着一个数值，则传递的值将是相应变量的内容。

4）综合－数字：将单词值分割成可以单独操作的部分。系统使用复合格式解析单词后面的数字字符，直到找到非数字字符，例如字母表、符号或分隔符。

5）列出－数字：将单词后面的参数列表分隔成可以单独操作的部分。最多可以列出 32 个参数。每个参数都必须是数值或等同于数值的数学表达式。类似于复合－数值类型，每个分隔的列表－数字/值可用于调用宏。这些片段并没有出现在单词选择列表中。通过列出单词后面的空格和列表中参数的顺序数来指定片段。可以使用"机床/控制系统"菜单下的"字/地址"函数将宏与文本 1（第 1 个 n 参数值、文本 2（第 2 个 n 参数）等关联起来。

6）列出－字母－数字：与列表－数字子类型相同。该值可能是引用的文本字符串。在这种情况下，引用的文本不被分析，只是作为文本传递给相关的单词与相对应的宏代码。

7）字母－数字＋引数：此子类型用于支持带有西门子 840D proc 命令参数的子程序。

8）文本字符串：将文本值解释为文本字符串。系统读取宏单词后面的所有字符，直到行尾，即使其中有一个已定义的单词。

9）无：这个词没有关联的值。单词后面的第一个字符表示新词的开头。

（7）有条件的 在处理字时调用的条件控制函数。单击"次级类型"中的下拉菜单，选择对应的条件函数。条件函数名称按照字母顺序排列。

4. 英制

英制指定如何解释英寸地址值。此功能仅对不包含小数点的值具有意义。带有十进制的值总是通过十进制方法来解释。

5. 英寸格式

英寸格式指定在解释英寸方法时小数点前后的数字，前导或尾随零值。数据输入格式为 a.b，其中 a 指定之前的位数，b 指定小数点后的位数。

6. 公制

公制指定如何解释度量地址值。此功能仅对不包含小数点的值具有意义。带有十进制的值总是通过"小数"方法来解释。

7. 公尺格式：指定在解释度量方法、引导或尾随零值时小数点前后的数字

8. 乘／乘数

当乘法设置为"是"时，字中的值将乘以乘数字段中指定的数量。1 的乘数对字没有影响。

> **注意：**
> 只有当类型＝宏或类别＝条件时才可用。

9. 综合格式

综合格式指定如何断开或分析复合数值类型。输入由空格分隔的一个或多个数字，以指定已解析的数字值的数量和每个数字的有效位置。* 可以用作通配符条目。每个被解析的值都出现在"配置"菜单的单词选择列表下的"字／地址"函数中，以执行单独的操作。

10. 增加

增加是将记录添加到文本表中，能够向控件配置中添加单词或特殊字符。

11. 删除

删除是从控件配置中删除突出显示的单词记录。

> **注意：**
> 更改这些配置后，要按下重置模型按钮进行更新才能起作用。

1.2.2 字格式的使用案例

例如要定义一个宏功能 SIN（正弦），可使用"添加"按钮，在"名字"中输入 SIN（这里的 SIN 只是一个代号，也可以是任意字符），在"类型"中选择"功能"，在"次级类型"中选择"sin_d"（这里才是 VERICUT 内部宏的真正功能），如图 1-13 所示。添加完毕后系统会识别此功能。那么如何来查询次级类型中各项功能的含义呢？可以用鼠标指向这个功能后按 F1 键就可以看到该功能的所有解释。

R_2	宏	数字	小数	
S	宏	数字	小数	4.0
SIN	功能	sin_d		
SQRT	功能	sqrt		
T	宏	综合数字		
TAN	功能	tan_d		
THEN	特定	忽略		
U	有条件的	CycleCondUWord	小数	

图 1-13

按 F1 键后系统会弹出 IE 浏览器，显示出"VERICUT"帮助文档对 sin-d 的对应解释，如图 1-14 所示。

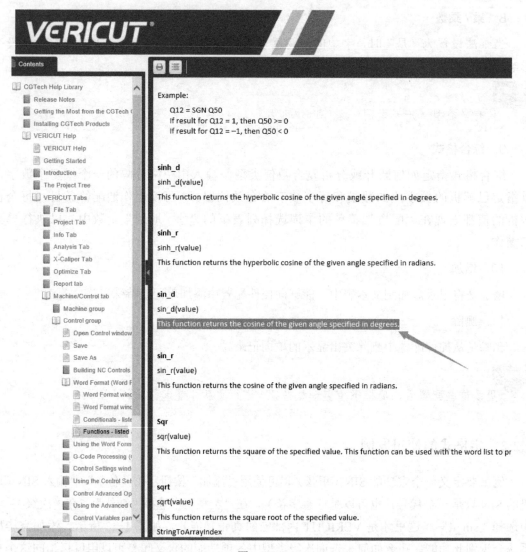

图 1-14

VERICUT 只对 IE 浏览器相对兼容，建议使用 IE 浏览器。使用其他浏览器有时会弹
不出帮助网页。如果遇到弹不出或者卡死的情况，请参照图 1-15 所示设置。

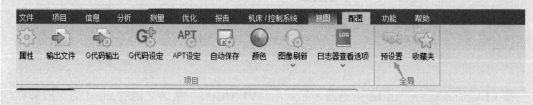

图 1-15

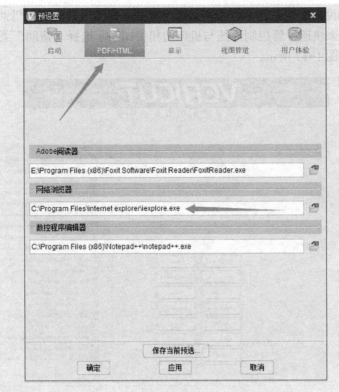

图 1-15（续）

1.3 字 / 地址

打开"G- 代码处理"窗口，如图 1-16 所示，其树结构由几个不同的区域组成。如果说字格式是用来定义程序中字的名称和格式，那么字地址就是用来添加程序中的 G 代码、M 辅助功能字、系统变量以及控制器厂家所定义的宏与 VERICUT 宏动作的实现，相当于控制器的核心部分。

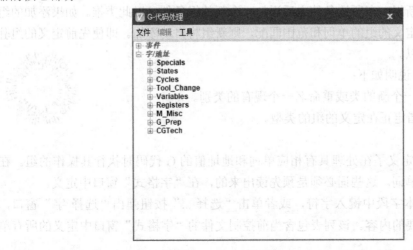

图 1-16

对于初学者来说，想要创建一个控制系统，难度是相当大的，可以借助 VERICUT 练习中的相关练习文档来快速了解控制系统与机床的相关知识。选择"帮助"菜单下的"欢迎"按钮即可打开，如图 1-17 所示。

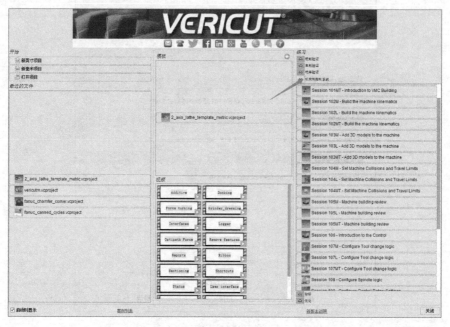

图　1-17

打开相应的练习案例后，VERICUT 会自动弹出相应的说明文档（英文的）。本书针对这些练习案例与相关的练习文档录制了中文版的教学视频，读者可以用微信扫描下面二维码下载查看"机床和控制系统"中的相关操作视频进行学习。

右击"G- 代码处理"窗口结构树的"字 / 地址"，选择"添加 / 修改"，然后打开"添加 / 修改 字 / 地址"窗口，如图 1-18 所示。

"添加 / 修改 字 / 地址"窗口中的功能能够在控件配置中维护组 / 条件。可在列表中选定的组之后添加一个新组，在所选条件之后添加一个新的组条件，以此类推。如果添加的组的单词和范围与先前定义的组的单词和范围匹配，则新组将自动添加。即使先前定义的组驻留在不同的类中也可以。

图 1-18 中各参数说明如下：

（1）类名　添加一个新的类或重命名一个现有的类别。

（2）字 / 变量　指定正在定义的组的类型。

1）"字"选项：

①字：这些特性定义了在处理具有相应单词和地址值的 G 代码时执行其操作的组。在文本字段中输入一组单词。这些词必须是预先读出来的，在"字格式"窗口中定义。

可以在"字"文本字段中键入字符，或者单击"选择 ..."按钮弹出"选择 字"窗口，然后从列表中选择需要的内容。该列表包含当前控制文件的"字格式"窗口中定义的所有单词，如图 1-19 所示。

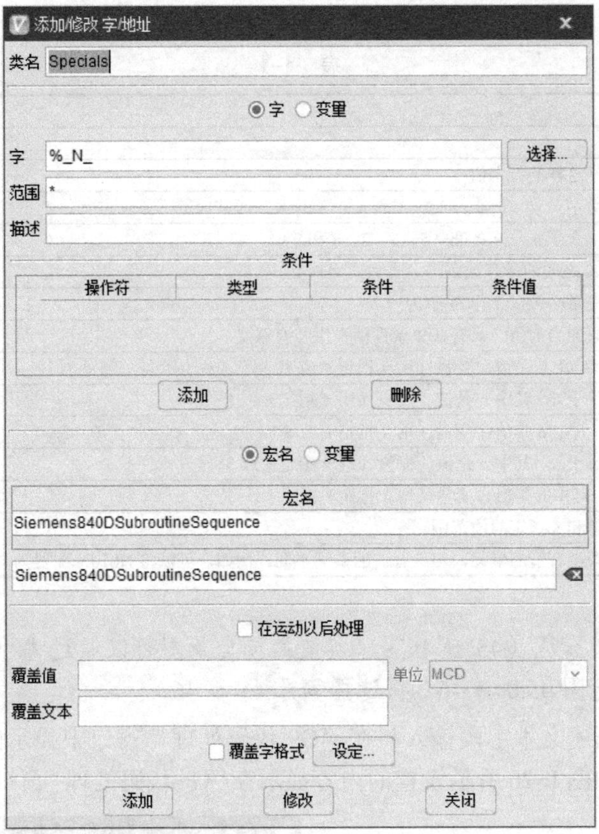

图 1-18

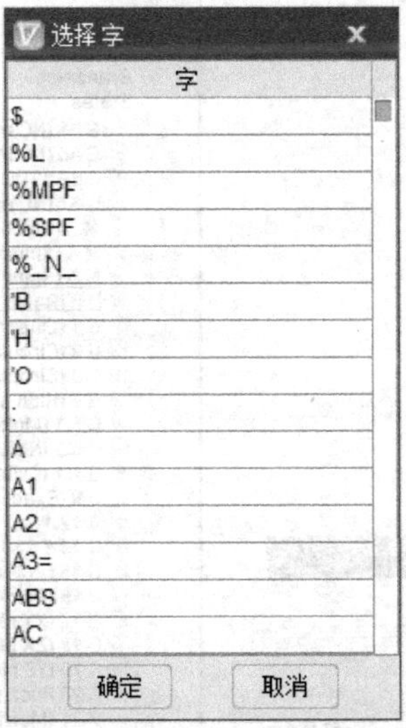

图 1-19

② 范围：使用"范围"文本字段指定将要处理的指定操作的值或值范围。范围值通常指定一个地址。可以指定多个范围值（用空格或逗号分隔）、包含范围，或者使用 * 作为通

配符来表示所有值。表 1-1 中是所有有效的范围及其含义。

表 1-1

范围	含义
*	任何值
值	像 7 或 9 这样的特定值
7,9	一系列数字
5 ～ 9	整数值，介于 5 ～ 9 之间（5、6、7、8 和 9）
5.0 ～ 9.0	5.0 ～ 9.0 之间的所有数字
#2	变量。变量必须以 # 作为前缀
$	与字关联的当前值。只有在"条件值"中才有意义
<n	小于 n，其中 n 是值、变量（用 # 指定）或 $
<=n	小于或等于 n，其中 n 是值、变量（用 # 指定）或 $
>n	大于 n，其中 n 是值、变量（用 # 指定）或 $
>=n	大于或等于 n，其中 n 是值、变量（用 # 指定）或 $
=n	等于 n，其中 n 是值、变量（用 # 指定）或 $
#3 ～ $	使用变量和 $ 指定的值范围
NONE	支持处理没有值的单词，与具有值的单词不同。例如，可以将 N010X 配置为与 N010X0 不同的处理方式

注意：

作为一个包容性范围（45 ～ 46），实值的包含范围可以通过将小数点与实数包含在一起来定义。例如范围 45.0 ～ 46.0 将选择编号 45 和 46。

③描述：使用描述文本字段输入将在"G- 代码处理"窗口中显示的描述，其中包含要定义的字 / 范围组。如图 1-20 所示设置的内容显示在"G- 代码处理"窗口中，如图 1-21 所示。

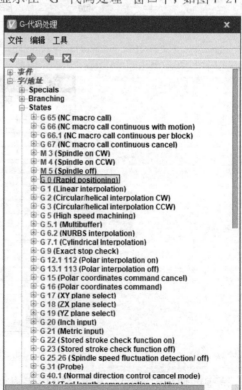

图　1-20　　　　　　　　　　　　　　图　1-21

2）"变量"选项（图 1-22）：

① 变量：用于定义当指定变量设置为相应值或值范围时执行其操作的组。在变量文本字段中输入组变量名即可。

② 范围：使用范围文本字段指定将要处理的指定操作的值或值范围。变量范围的指定方式与上述字范围相同。

③ 描述：使用描述文本字段输入说明，该说明将显示在"G- 代码处理"窗口中，其中包含要定义的变量 / 范围组。如图 1-22 所示设置的内容显示在"G- 代码处理"窗口中，如图 1-23 所示。

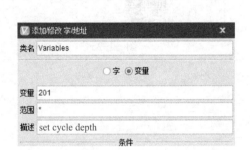

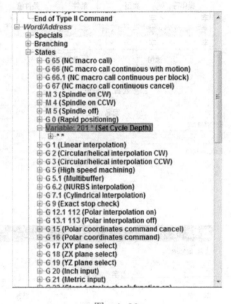

图 　1-22 　　　　　　　　　　　　　　　　　图 　1-23

注意：

基于"字 / 地址"中某些操作设置的变量是子系统特定的。例如 F150 将使变量 CGT_feed 设置为 150。此变量是子系统特定的。

（3）条件　用于指定一个或多个条件，如果满足这些条件，将使组执行不同的操作。

1）操作符：从下拉列表中选择或不选择。

2）类型：用于指定条件的类型。有如下三种类型：

① 字：当"类型"设置为"字"时，条件基于出现在 G 代码数据块中的另一个单词和地址值范围。这是最常见的类型。从下拉列表中选择所需的条件，然后输入条件值即可。

例如：G81 NOT（X*）和 NOT（Y*）和 NOT（Z*）调用 ErrorMacro（错误宏）创建条件，图 1-24 所示设置内容显示在"G- 代码处理"窗口中，如图 1-25 所示。

② 状态：当"类型"设置为"状态"时，条件基于机床状态。从下拉列表中选择所需的条件，然后从条件值下拉列表中选择一个值。注意，只有对所选条件有效的值才能出现在条件值列表中来创建条件，图 1-26 所示设置内容显示在"G- 代码处理"窗口中，

如图 1-27 所示。

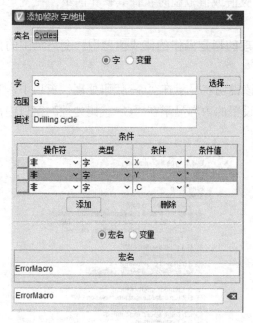

图 1-24

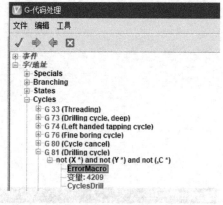

图 1-25

图 1-26

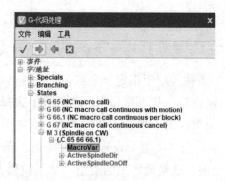

图 1-27

③变量:当"类型"设置为"变量"时,条件基于变量设置为相应条件值的时间。在条件列中输入变量名,然后输入条件值。条件值的指定方式与上面描述的字范围相同。

创建条件,如图 1-28 所示设置内容显示在"G-代码处理"窗口中,如图 1-29 所示。

图　1-28　　　　　　　　　　　　　　　　　　　　图　1-29

（4）添加　用于将条件添加到条件列表中。新条件将在列表中突出显示的条件之后添加。

注意：

　　作为个人偏好，若希望按特定顺序读取列表，可以在列表中突出显示的条件之后添加新条件。还可以通过单击每行左侧的按钮更改列表中条件的位置，并将条件拖到列表中的所需位置。

（5）删除　用于从条件列表中删除突出显示的条件。

（6）宏名/变量　用于指定组是调用宏还是设置变量。"宏名"选项界面如图1-30所示。

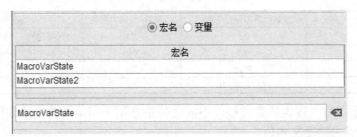

图　1-30

可以从列表中选择宏名，也可以在列表下面的"宏名"文本字段中键入宏名称。输入的文本不区分大小写。使用自动筛选功能可以帮助找到宏。在"宏名"文本字段中输入文本字符时，将自动筛选宏列表，仅显示与指定文本匹配的宏。

若要获取列表中任何宏的信息，从列表中选择宏，以便将其显示在"宏名"文本字段中，然后按键盘上的F1键显示所选宏的文档。

使用"宏名"文本字段右侧的图标 ⌫ 可清除文本字段。

"变量"选项界面如图1-31所示。

19

图 1-31

使用变量名和变量描述文本字段来指定和描述要设置的变量。使用下面"覆盖值"文本字段指定变量值，如图 1-32 所示。

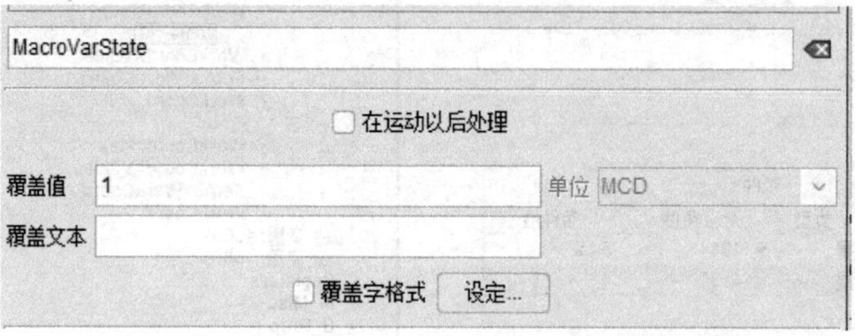

图 1-32

（7）在动作以后处理　在处理数据块中的运动命令后执行组操作。默认条件是根据普通 G 代码数据处理规则执行组操作。

（8）覆盖字格式　此特性根据宏名或变量功能而变化。

1）选择"宏名"后，使用"覆盖值"文本字段指定要传递给在"宏名"文本字段中指定的宏的值。如果"覆盖文本"字段为空，则传递该单词的地址值。

2）选择"变量"时，使用"覆盖值"文本字段指定要分配给变量号字段中指定的变量的值。如果覆盖值设置为 #0，则变量将被设置为空。

表 1-2 是覆盖字格式的处理方式示例（其中 #2=3 已被赋值）。

表 1-2

在"覆盖值"字段中输入的文本	控制配置中保留的内容	示例 G-代码数据块	处理后的结果值
SIN（30）	0.5	X5	.5（恒定值，不受 G 代码数据影响）
SIN（30）	0.5	X10	.5（恒定值，不受 G 代码数据影响）
$*10	$*10	X5	50
（$+#2）*10	（$+#2）*10	X5	80

3）覆盖文本：与"覆盖值"类似，不同之处是它用于指定要传递给宏的文本。只有某些特定的宏被设计为接受文本值。

若要获取列表中特定宏的信息，可从列表中选择宏，然后按键盘上的 F1 键显示帮助文档。

表达式可用于宏覆盖文本。如果覆盖文本包含序列"{表达式}"，则计算大括号内的表达式文本，然后将其替换为计算值。

覆盖文本表达式的语法与覆盖值定义的语法相同。

① MessageMacro 宏与覆盖文本 = 主轴转速是 {# 转速 }rpm 一起使用，对变量 #speed 进行计算，如果设置为 500，则得到的结果如下：

主轴转速为 500r/min

② $$﹛﹜能够包含传入的文本字符串。例如覆盖文本 = 操作名称：{$}。

③支持文本变量。例如：变量 name 设置为操作名，则可以有：覆盖文本＝操作名：{#name}。

④ {} 中的内容有 $$ 或文本变量，表达式被计算为文本字符串。在处理文本时，在其中只选择一项。例如，变量 Date（时间）包含 May 2007（2007 年 5 月），则有：

覆盖文本＝操作名称：{$}，{#date}。这种语法比下面这种语法更可取：

覆盖文本＝操作名称：{$：#Date}，输出为：

操作名称：1-TOP0-FOAM-LICKA,May 2007。

勾选"覆盖字格式"，将使用宏指定的单词格式，而不是默认的字格式。如图 1-33 所示，这个特性能够定义一个 P 和一个 G71 为十进制，P 与 G76 的公制格式为 4.3。其中，4 是指小数点前四位数，3 代表的是最大支持小数点后三位的格式，如果超过这个范围系统会报警。

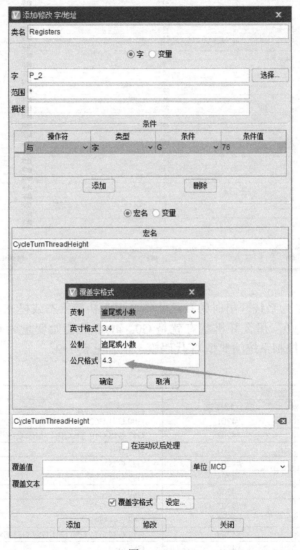

图 1-33

注意：

"公尺格式"输入框不支持表达式。例如，不能与 x=54000+30000 一起使用。

1.4 控制系统变量

在"机床/控制系统"菜单中，选择"打开控制系统"，其中 FANUC 控制器变量如图 1-34 所示。

名	初始值	描述	类型
变量			
全局			
4001	0		数字
4002	17		数字
4003	90		数字
4005	94		数字
4006	20		数字
4007	40		数字
4008	49		数字
4009	80		数字
4010	99		数字
4014	54		数字
4018	50.1		数字
4026	13.1		数字
4033	0		数字
4201	0		数字
4202	17		数字
4203	90		数字
4205	94		数字
4206	20		数字
4207	40		数字
4208	49		数字
4209	80		数字
4210	99		数字
4214	54		数字
4218	50.1		数字
4226	13.1		数字
4233	0		数字
26010	0		数字
26011	0		数字
26012	0		数字
26015	0		数字
100544	0		数字

图　1-34

图 1-34 中的变量为系统开机时的默认状态，也叫初始状态或模态。如在全局变量中的 4001 变量，初始值为 0，那么开机状态就是 G0。4002 的初始变量为 G17，所以初始值为 17。FANUC 的 CNC 控制系统的典型 G 代码模态信息见表 1-3。

表　1-3

系统变量号		G 代码命令
预处理程序段	执行程序段	
#4001	#4201	G00 G01 G02 G03 G33
#4002	#4202	G17 G18 G19（FANUC 车床系统里为 G97）
#4003	#4203	G90 G91
#4004	#4204	G22 G23
#4005	#4205	G93 G94 G95
#4006	#4206	G20 G21
#4007	#4207	G40 G41 G42
#4008	#4208	G43 G44 G45
#4009	#4209	G73 G74 G76 G80 G81 G82 G83 G84 G85 G86 G87 G88 G89
#4010	#4210	G88 G89
#4011	#4211	G50 G51
#4012	#4212	G65 G66 G67
#4013	#4213	G96 G97
#4014	#4214	G54 G55 G56 G57 G58 G59
#4015	#4215	G61 G62 G63 G64

（续）

系统变量号		G 代码命令
预处理程序段	执行程序段	
#4016	#4216	G68 G69
#4017	#4217	G15 G16
#4018	#4218	N/A
#4019	#4219	G40.1 G41.1 G42.1
#4020	#4220	对应 FS-M 和 FS-T 控制系统的 N/A
#4021	#4221	N/A
#4022	#4222	G5.01 G51.1

注意：

　　显示在变量图标顶部的图像和快速访问工具栏将根据最后一个变量面板（跟踪、最近、项目、控制或全部）而改变显示。

　　变量选项卡上的功能用于监视、初始化和维护 G 代码变量。大多数变量选项卡是只读的，只显示信息。假设变量的默认值为零。"变量：项目"选项卡允许使用任何数字或文本值初始化变量。如果输入了初始值或描述，或者变量包含在"Variable：跟踪"选项卡中，变量将保存到 .VcProject 文件中。

　　单击单步运行按钮 ⬤，弹出图 1-35 所示的所有变量，可显示当前控制系统中的所有变量值以及描述。

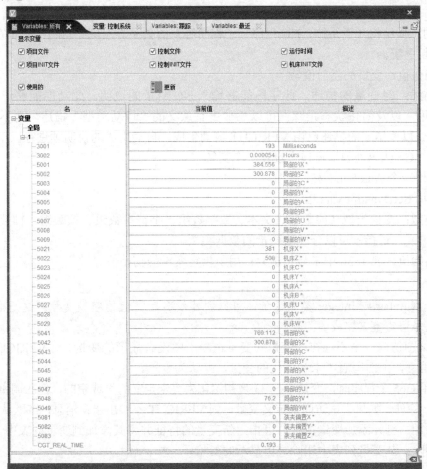

图　1-35

23

> 注意：
> 变量选项卡是"可固定"功能之一，允许在选择时重新定位。

1.4.1 变量列表

变量列表显示 NC 程序处理过程中的初始化和遇到的所有变量。变量值在处理当前块时如发生了更改，以红色文本显示当前变量数据，如图 1-36 所示。

名	当前值	描述	类型	原点
⊟ 变量				
全局				
⊟ 1				
⊞ $AA_IM[100]		机床轴 *	数字阵列	控制INIT文件
⊞ $AA_IW[100]		局部轴 *	数字阵列	控制INIT文件
⊞ $P_AD[100]		刀具半径 *	数字阵列	控制INIT文件
⊞ $P_EP[100]		局部轴 *	数字阵列	控制INIT文件
⊞ $P_TOOLL[100]		装夹偏置Z *	数字阵列	控制INIT文件
$P_TOOLR	0		数字	控制INIT文件
$TC_DP4[20000 20000]		刀具类型 *	数字阵列	控制INIT文件

图 1-36

1）名："名"列显示一个树结构，该树结构显示所有变量的列表，以及每个变量与NC 程序的总体结构（子系统、NC 程序、子程序等）的关系。左侧结构树的变量在处理 NC 程序时不断更新。

2）当前值：变量的当前值。

3）描述：对变量的描述。此字段能够输入 NC 变量的说明。此功能能够记录变量以供以后使用，以及简化状态跟踪。可以添加更有意义的"运动类型"描述，而不是只看到4001 模态。以 * 结尾的描述已由 VERICUT 自动生成。自动生成的说明须进行以下设置：

① 在"G- 代码处理"窗口上设置一个变量。

② 调用一个 AutoSet... 宏。

③ 调用 SetDynamicVars 宏。

4）类型：变量类型（如数字、文本、数字数组、字符串数组、帧数组、轴数组、整数或整数数组）；还指示可以分配给变量的数据类型。

5）初始值（表 1-36 中未显示出）：用于指定变量的初始值。

> 注意：
> 对于 Number 或 Integer 类型变量，可以创建没有定义值的空缺变量。这是通过将初始值字段保留为空来完成的。

如果试图访问一个不存在的变量（变量选项卡中没有显示的变量），VERICUT 会输出一条错误消息，上面写着"未初始化的变量，默认为零"。

当调用 G65 子程序时，变量 1 ~ 33 被初始化为"未定义的"或空的，但在调用子程序时设置的变量除外。如果尝试访问未定义变量，则 VERICUT 不输出错误消息，或默认为零。

6）添加：打开添加变量窗口，可指定新变量的特征并将其添加到变量列表中。

7）删除：从变量列表中删除突出显示的变量。

8）删除所有：打开一个确认窗口，询问是否删除所有变量。选择"是"，将删除变量选项卡变量列表中的所有变量以及所有控件变量。选择"否"，将关闭窗口并返回"变量：项目"选项卡窗口。

1.4.2　Variables：跟踪

在"信息"菜单下选择跟踪变量信息选项，弹出"Variables：跟踪"窗口，如图 1-37 所示。"Variables：跟踪"面板可以轻松地跟踪添加的变量，而不必滚动执行所有变量。此选项卡在处理过程中打开时，跟踪的变量由 NC 程序文件设置或变量更新时回退至初始值。

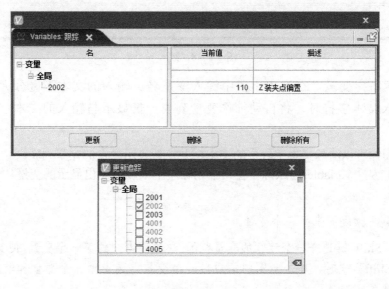

图　1-37

"Variables：跟踪"窗口是"可停靠"功能之一，如果选择的话，可以将其停靠在 VERICUT 主窗口中。

对于选择跟踪的所有变量，将显示："更新跟踪"窗口显示在 NC 程序处理过程中初始化和遇到的所有变量。

单击"更新追踪"窗口中的复选框，选择要跟踪的变量，单击 ▬X▬ 按钮关闭，被选中的变量会添加到"Variables：跟踪"窗口中。如图 1-38 所示。

图　1-38

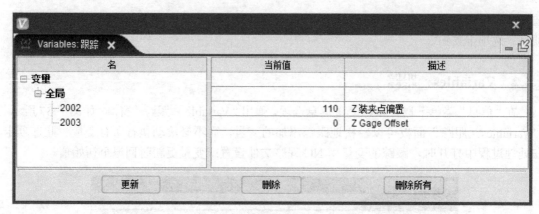

图 1-38（续）

若要搜索特定变量，在文本字段中键入变量名。输入的文本不区分大小写。在文本字段中输入文本字符时，将自动筛选变量列表，仅显示与输入的文本字符串匹配的变量。

使用 ⌫ 图标可以清除文本字段中的文本，并重新显示变量的完整列表。

1）删除：从 "Variables：跟踪" 窗口中删除一个或多个突出显示的变量。

小窍门

使用下列方法之一选择多个变量。

①使用 "Shift" 键选择一个连续的变量范围。单击范围中的第一个变量，使其突出显示，然后按住 "Shift" 键时，单击范围中的最后一个变量，选中第一个变量和最后一个变量之间的所有变量。

②单击范围中的第一个变量，然后在按住鼠标的同时，将光标拖动到范围中的最后一个变量。

③使用 "Ctrl" 键选择多个独立块。单击第一个块，使其突出显示，然后按住 "Ctrl" 键时，选择其他块。每个块在被选中时都会被高亮显示。

2）删除所有：移除变量中的所有变量。

捷径：右击 "变量"，弹出图 1-39 所示快捷菜单。

图 1-39

①定义于：打开 "NC Program" 窗口，其中文件和代码行在定义变量的地方突出显示，

如图 1-40 所示。

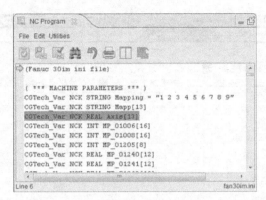

图 1-40

②最后更新：打开"NC Program"窗口并显示变量最后更新的文件和代码行。变量最后更新的代码行被高亮显示，如图 1-41 所示。

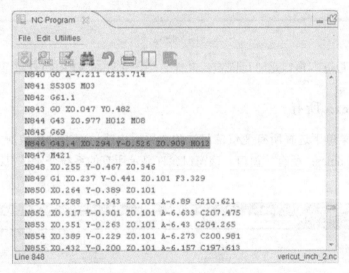

图 1-41

在使用定义于和最后更新功能之后，单击"NC Program"窗口中的返回到 NC 程序▦按钮重新显示当前正在运行的 NC 程序。

1.4.3 Variables：最近

在"信息"菜单下选择跟踪变量信息最近选项，或快速访问工具栏快捷方式▦，打开"Variables：最近"窗口。

注意：

显示在变量图标顶部的图像和快速访问工具栏捷径将根据最后一个变量选项（跟踪、最近、项目、控制或全部）而改变显示。

"Variables：最近"窗口显示了在当前程序 / 子程序的最后 1 ～ 20 行中直接修改或引用

的变量。该列表为只读，不能编辑。变量首先按作用排序，然后按名称排序，如图1-42所示。

图 1-42

"Variables：最近"窗口是"可固定"功能之一，允许在VERICUT主窗口内固定它。

1.4.4 Variables：所有

在"信息"菜单下选择所有变量信息选项或采用快速访问工具栏快捷方式📋，打开"Variables：所有"窗口，该窗口允许显示所有的系统变量信息，如图1-43所示。

图 1-43

关于变量选项卡的操作演示请用微信扫描上面二维码下载观看学习。

1.5　软件小技巧

1. 我的 VERICUT 界面乱了，怎么办？有些工具条也找不到了？

回答：只需在 WINDOWS 开始菜单中找到"Reset Preferences"，在"重置参数"窗口中单击"删除"即可，如图 1-44 所示。

图　1-44

2. 如何设置软件的语言？

回答：用记事本打开安装目录下的 X:\Program Files\CGTech\VERICUT 8.0.3\windows64\commands\vericut.bat，如图 1-45 所示。

软件支持中文简体、捷克语、英语、法语、德语、意大利语、日语、韩语、葡萄牙语、俄语和西班牙语。搜索 if "%CGTECH_LOCALE%" == "" set CGTECH_LOCALE=chinese_simplified，替换为 if "%CGTECH_LOCALE%" == "" set CGTECH_LOCALE=english。

图　1-45

3. 如何设置机床外壳为透明？

回答：先选择组件，再选择"混合方式"为"透明"，然后在"视图"菜单下选择"属性"，最后拖动透明条来改变透明度，如图 1-46 所示。

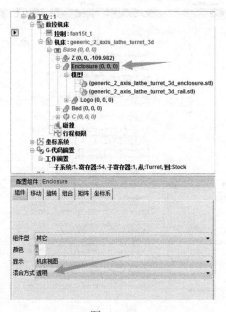

图　1-46

图 1-46（续）

4. 如何把做好的模型添加为模板，下次打开软件直接用？

回答：首先使用"文件总汇"功能把所有文件打包，然后使用欢迎界面中的添加按钮添加模板即可，如图 1-47 所示。

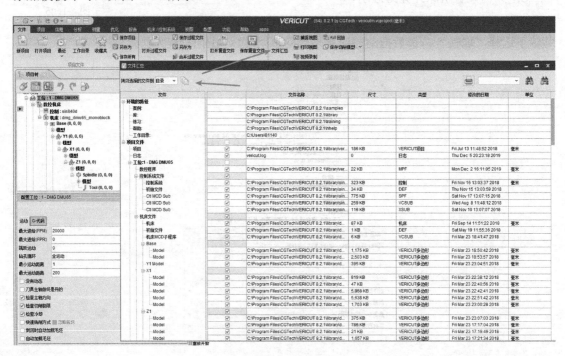

图 1-47

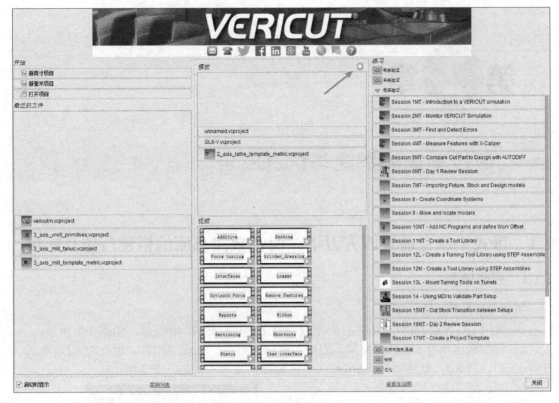

图 1-47（续）

本章小结

本章学习了构建 NC 控制的原理、字格式的含义与帮助文档的使用方法，因篇幅有限，并没有把字格式、字地址中的所有功能都一一解释清楚。不明白的地方可以使用鼠标点选或者按 F1 键的方式，查询相关解释。建议英文不好的读者可以借助翻译软件来解读相关说明。

第 2 章

数控车床的搭建与仿真应用

2.1 卧式平床身前置四方刀塔、两轴数控车床的搭建与仿真应用

2.1.1 搭建模型

搭建模型具体步骤如下：

1）使用 UG NX12.0 以上版本打开下载内容 2.1 中的 CA1640 模型，如图 2-1 所示。

2）依次输出床身、Z 轴、X 轴、刀塔、主轴、卡盘、尾座等附件，保存为 STL 格式。打开 VERICUT 8.2，新建项目 CA6140，单位选择"毫米"，如图 2-2 所示。

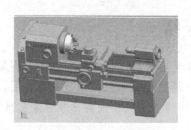

图 2-1

图 2-2

3）单击显示机床组件，展开组件，如图 2-3 所示。

图 2-3

4）右击"控制"，打开 fan0t.ctl 控制器。

5）在 Base 中添加床身模型文件，如图 2-4 所示。

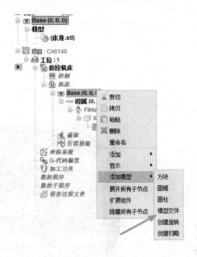

图　2-4

添加好的床身会在机床 / 切削模型窗口中显示，如图 2-5 所示。

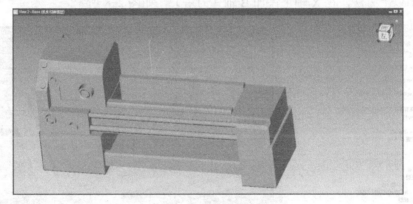

图　2-5

6）添加 Z 轴，如图 2-6 所示。

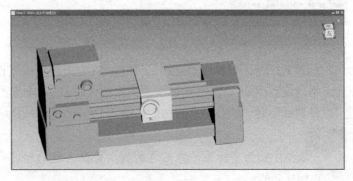

图　2-6

7）添加 X 轴（X 轴在 Z 轴附件上，所以必须右击 Z 轴添加 X 轴），在 X 轴上右击添加模型，如图 2-7 所示。

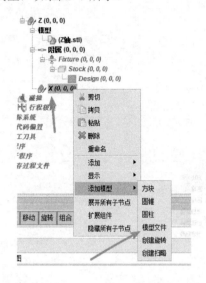

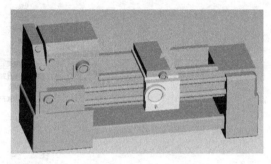

图 2-7

8）使用以上方法，在 X 轴上添加 B 轴（刀塔），如图 2-8 所示。

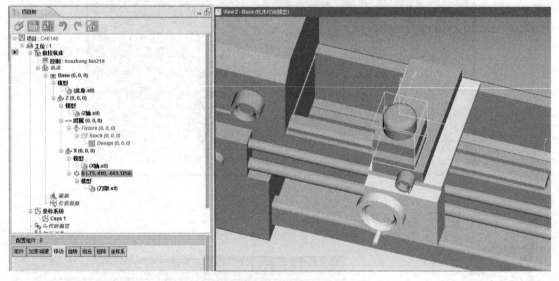

图 2-8

这里要注意，有时在 CAD 软件中的 WCS 组件坐标系设置的位置不正确，例如坐标系不在刀塔的旋转中心,这时要借助模型锁定按钮（图2-9）把模型锁住，然后使用移动功能中的"从'组件原点'到'圆心'"的功能（图2-10）把坐标系移动到正确位置，如图2-11 所示。

注意:

如果 B 轴的坐标系不在刀塔的圆心位置，旋转时将会错乱。刀塔的旋转运动轴是绕着 Y 轴旋转的。

图　2-9

图　2-10

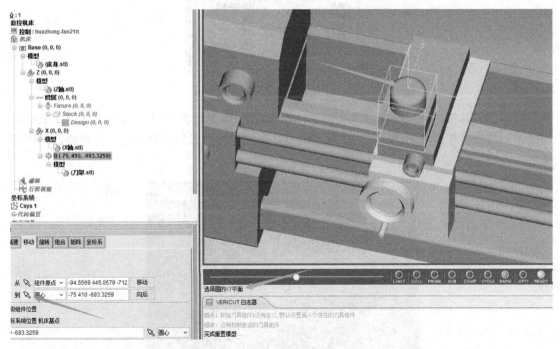

图　2-11

9）继续在刀塔 B 轴上右击添加刀塔，如图 2-12 所示（图为刀具塔），把刚才在 B 轴中添加的刀塔模型拖入刀塔功能的下方。

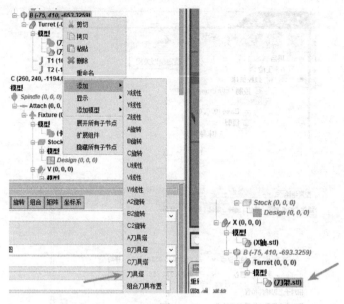

图　2-12

10）在刀塔上面添加刀具，如图 2-13 所示。

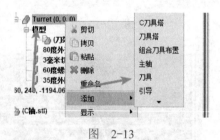

图　2-13

11）把刀具坐标通过坐标移动功能移动至如图 2-14 所示的位置。这里要注意，坐标系决定了刀具安装位置和刀塔旋转后的换刀位置，如果坐标系设置得有问题，会导致刀具换刀错乱。

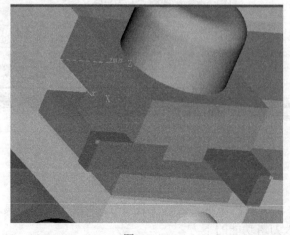

图　2-14

12）复制 1 号刀具的坐标位置，在刀塔上右击，选择"粘贴"，单击 2 号刀具位置，选择旋转功能，把旋转中心设置在刀塔的中心位置，沿着 Z 轴旋转 90°复制出第二把刀具的坐标位置。以此类推，旋转出 3、4 号刀的位置，如图 2-15、图 2-16 所示。

图 2-15

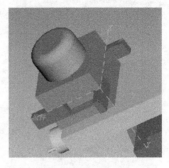
图 2-16

13）单击加工刀具或在快捷菜单单击刀具设置按钮，如图 2-17 所示。

图 2-17

14）在刀具管理器窗口中选择"车刀"，添加一把 80°外圆刀刀柄与刀片，如图 2-18 所示。

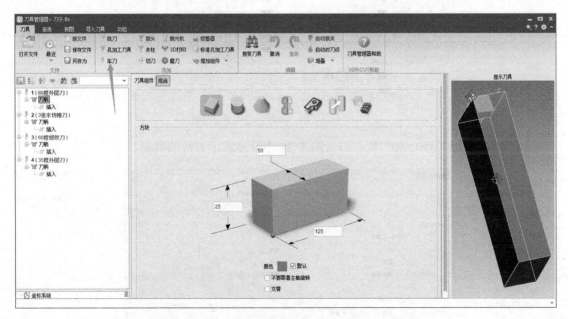
图 2-18

15）继续添加刀片，如图 2-19 所示。

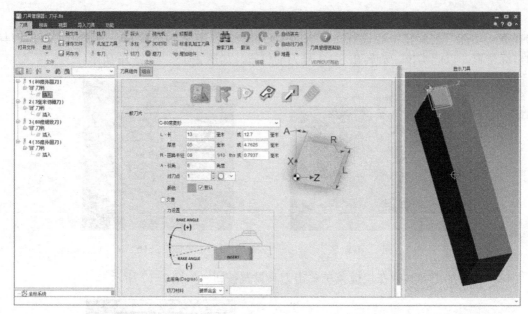

图 2-19

16）根据以上方法添加 2 号刀 3mm 切槽刀。图 2-20 只展示了刀片的数据。

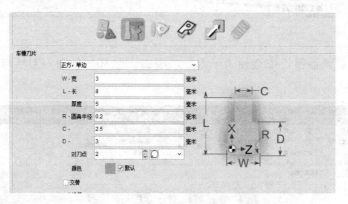

图 2-20

17）继续添加 3 号刀 60°螺纹刀。图 2-21 中只展示了刀片的数据。

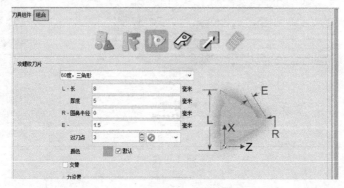

图 2-21

18）继续添加 4 号刀 35° 外圆刀。图 2-22 中只展示了刀片的数据。

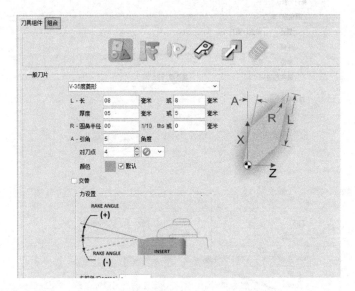

图　2-22

19）依次添加每把刀具的装夹点位置，如图 2-23 所示。

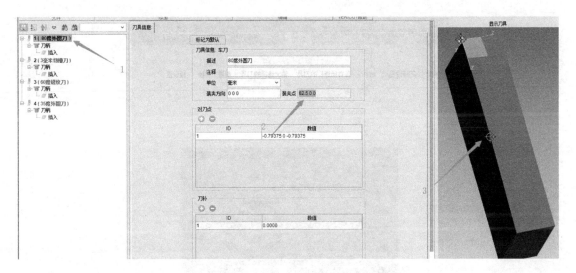

图　2-23

依次添加每把刀的对刀点 ID 号与刀补信息，如图 2-24 所示。注意：如果添加错误，在仿真之前 VERICUT 会报错（驱动点偏置未找到），影响正常仿真。如果刀补号未添加，则 G41/G42 不起作用。

20）单击刀具管理器窗口中的"功能"菜单，选择"刀塔设置"，如图 2-25 所示。

21）在空白处右击，选择视图 XZ，正确显示刀塔方位，以便后续调整刀具的安装位置，如图 2-26 所示。

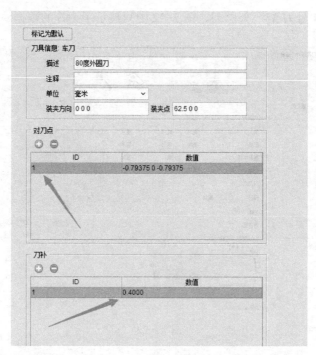

图 2-24

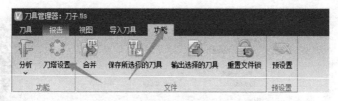

图 2-25

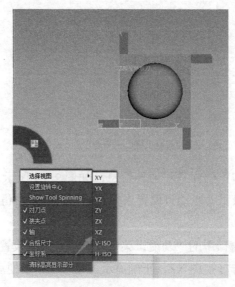

图 2-26

22）单击"刀塔设置"窗口中的"刀具 ID"，设置刀具安装位置，如图 2-27 所示。

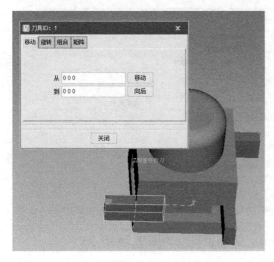

图　2-27

23）单击"位置"按钮，通过移动、旋转、组合的方法调整刀具到刀塔中正确的位置，如图 2-28 所示。

24）依次添加 2、3、4 号刀具到正确的位置，如图 2-29 所示。

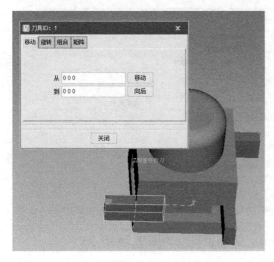

图　2-28　　　　　　　　　　　　　　　图　2-29

装刀时要注意的一些问题：

1）刀片厚度中输入负值，刀片反装，如图 2-30 所示；输入正值，刀片正装，刀尖朝上，如图 2-31 所示。

图　2-30　　　　　　　　　　　　　　　图　2-31

2）"装夹点"位置中的三个数字表示的是车刀夹持基准点的 X、Y、Z 坐标值，其中

Y 值指的是刀尖点位置，该位置必须与主轴中心线对准，该值必须为 0，否则仿真时会出现报警（刀片偏离工件），导致无法进行仿真加工，如图 2-32 所示。

图 2-32

3）对刀点必须与刀号一一对应，否则报警，如图 2-33 所示。

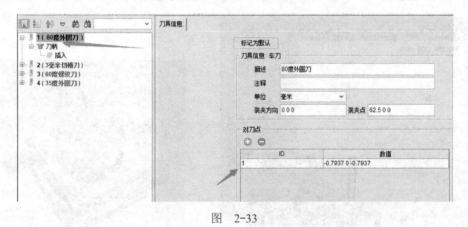

图 2-33

4）刀片上的对刀点必须与主轴中心等高，否则报警，如图 2-34 所示。

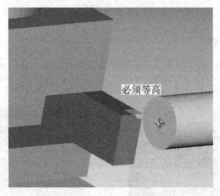

图 2-34

5）如果勾选"检查主轴方向"（图 2-35），前置刀塔刀尖朝上，主轴必须正转；后置刀塔刀尖朝下，刀片反装时，主轴必须反转，否则报警"主轴旋转方向错误"。

6）内孔和内螺纹刀具可通过坐标沿 Z 轴旋转 180°调整好位置，其正确位置如图 2-36 所示。

7）外圆刀具坐标的正确位置如图 2-37 所示。

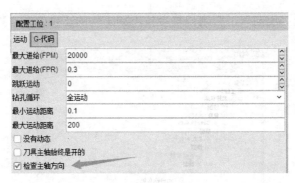

图　2-35

图　2-36

图　2-37

可以用 VERICUT 连接 CAM 软件，借助 CAM 软件自动生成刀具信息，自动调用刀具，省去人工设置的麻烦。这样设置刀具更方便且接近于真实。

8）刀塔的 B 轴和 Turret 刀塔的运动轴都是绕着 Y 轴旋转，所以运动轴必须旋转 Y，否则刀塔旋转会错乱，如图 2-38 所示。

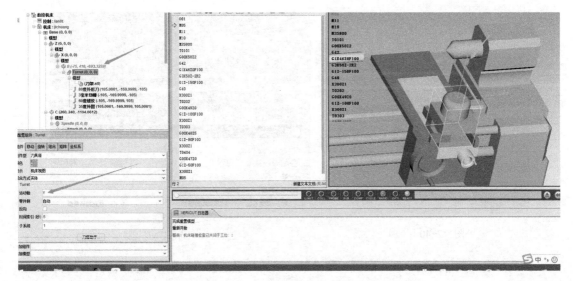

图　2-38

9）X 轴必须勾选"反向"，否则刀具会找不到工件的正确位置，如图 2-39 所示。

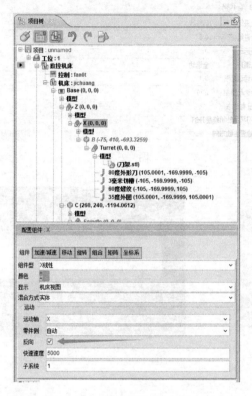

图 2-39

10）系统有时会出现问题，单击"配置"菜单，选择"设置"，选择"车削"，会出现主轴默认状态为开，如图 2-40 所示。但在系统完全配置好之后选择"铣削"，则会默认锁定为车削模式，且卡盘也会默认为关闭状态，即可解决此问题，如图 2-41 所示。

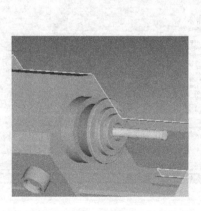

图 2-40

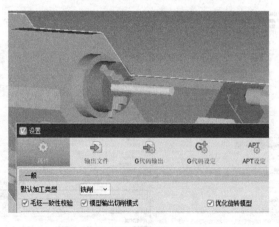

图 2-41

11）在未配置好之前，在"配置"菜单的"设置"里选择"铣削"，会出现车刀旋转的情况，如图 2-42 所示。这是不正确的。

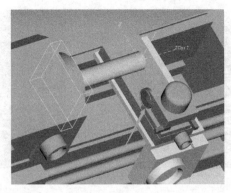

图 2-42

2.1.2 添加主轴、夹具、毛坯等组件

添加主轴、夹具、毛坯等组件的步骤如下：

1）在 Base 上右击添加 C 轴 C (260, 240, -1194.0612)，如图 2-43 所示。

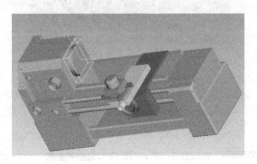

图 2-43

2）依次添加主轴、附属、夹具、卡盘，如图 2-44 所示。

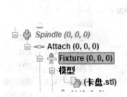

图 2-44

3）在主轴上右击添加 V 轴，加载卡爪 1，如图 2-45 所示。

4）复制 V 轴，在主轴上粘贴出两份，分别为 V2 和 V3。

5）单击 V2 组件，选择"旋转"，设置旋转中心点为卡盘中心，旋转 120° 后如图 2-46 所示。

6）单击 V3 组件，再次旋转 240° 或反向旋转 -120°，得出第三个卡爪位置，如图 2-47 所示。

图 2-45　　　　　　　　　　　　　图 2-46

图 2-47

7）使用 MDI（手工数据输入）测试 V 轴是否同步移动，单击 手工数据输入 按钮，在"轴"中选择 V 轴，单击"+""-"符号进行移动测试，如图 2-48 所示。观察机床视图中的卡爪是否同步张开或夹紧。

8）右击夹具 Fixture (0, 0, 0) 添加毛坯，在 Stock (0, 0, 0) 中右击添加圆柱毛坯，如图 2-49 所示。

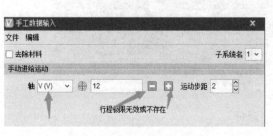 

图 2-48　　　　　　　　　　　　　图 2-49

9）单击毛坯配置模型，输入毛坯尺寸，如图 2-50 所示。

10）单击毛坯，移动至正确位置，如图 2-51 所示。

11）右击 Base 床身，添加 W 轴尾座；右击 W 轴，再添加一个 wd 轴顶尖，如图 2-52 所示。至此所有机床组件添加完毕。

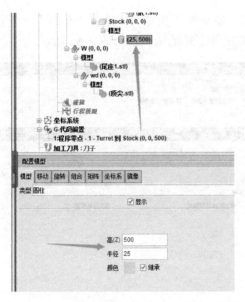

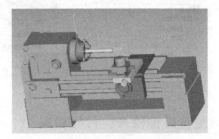

图 2-50　　　　　　　　　　　　　图 2-51

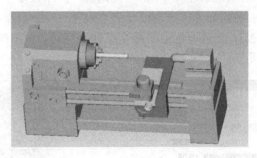

图 2-52

2.1.3　添加机床参考点与起始位置及机床设置

1）在"项目"菜单的"偏置"中选择"表"，如图 2-53 所示。

2）打开表之后，在"位置名"中选择"机床参考位置"与初始位置，分别输入 X300 Z300，如图 2-54 所示。

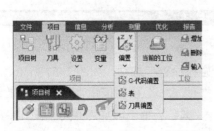

图 2-53

图 2-54

3）选择"配置"菜单中的"属性"，在"默认加工类型"中选择"车削"，首次配置时如果不这样设置，仿真时会出现刀具旋转，工件不转的情况，如图 2-55 所示。

图 2-55

2.1.4 配置碰撞检查、行程极限

1）在"机床/控制系统"菜单中选择"机床设定"，添加碰撞检查。这里设置两个碰撞，在"组件一"中添加 80°外形刀，在"组件二"中添加名为"wd"的组件（顶尖），设置"临界间隙"为 2.5，此时被选中的两个组件会变红，表示两个组件在接触之前会检查是否碰撞，如图 2-56 所示。

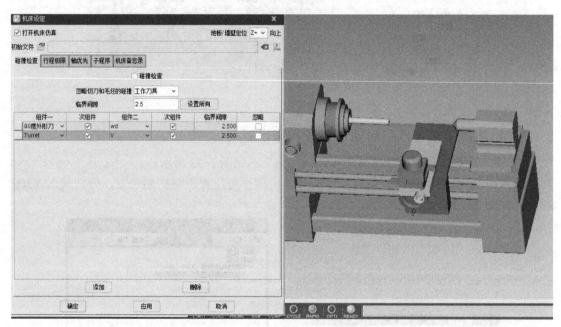

图 2-56

2）添加刀塔 Turret 与卡爪的碰撞，并勾选"碰撞检查"选项，如图 2-57 所示。

3）设置行程极限，这里一定要用 MDI 中的"+""-"移动按钮来检查各轴的最大和最小位置，并进行数据捕捉，把得出的数据填入 X、Z、V 轴中的最大和最小值中。如果有些轴用不到，可以勾选"忽略"选项，如图 2-58 所示。

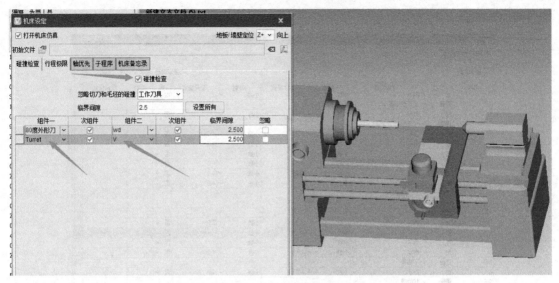

图 2-57

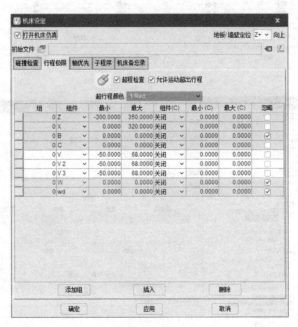

图 2-58

2.1.5 添加尾座移动与卡爪夹紧动作

1）单击"机床 / 控制系统"菜单的"字格式"，添加 M10 与 M11，如图 2-59 所示。

2）单击"字 / 地址"，在"M_Misc"中右击，单击"添加 / 修改"，添加一个 M10，"范围"为"*"（所有范围），"条件"中的"操作符"选择"与"，"类型"选择"字"，"条件"选择"M10"，"条件值"为"*"（所有值），在"宏名"中输入 TouchComponentName，此宏表示接触到组件名，"覆盖文本"中输入 stock，表示当接触毛坏时停止，如图 2-60 所示。

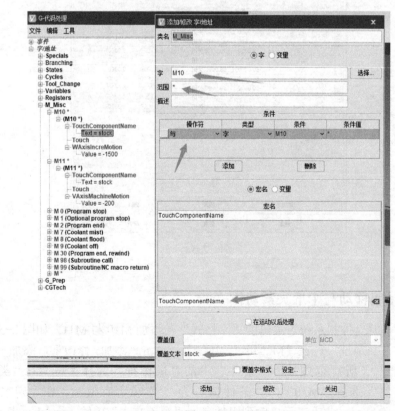

图　2-59

图　2-60

关于 TouchComponentName 宏的说明：

① 函数为杂项，状态为活动，覆盖文本为组件名称值，覆盖值为未使用。

② 使用此宏可指定触摸宏使用的"触摸"组件。默认值是活动工具组件。当移动一个组件（如尾座顶尖或夹具）向另一个组件（如毛坯）接触时，可使用此方法。使用"覆盖文本"字段指定组件名称。必须在调用 Touch 宏之前指定 TouchComponentName。

③ 该算法根据当前模型的公差等因素对接触位置进行逼近。当触摸组件的任何部分与任何其他组件接触时，轴被移动到该位置。标准的碰撞逻辑用于确定在触摸运动期间是否有任何其他组件碰到某个东西，直到该运动继续触摸到目的地。

3）继续添加 Touch 宏，如图 2-61 所示。

关于 Touch 宏的说明：这个宏打开当前块的"移动直到触摸"。默认的触摸组件是活动的（请参阅前面的 TouchComponentName）。轴向移动，直到触摸组件到达编程位置，或当对象接触到某物体。如果覆盖文本值以"RETURE="开头，则等号后面的字符串将被解释为变量名称，其中将返回来自触摸运动的返回代码。返回代码值为 1 表示发生了触摸，返回代码值为 0 表示没有发生触摸。如果提供了四个变量名，那么第一个变量名将包含返回代码，接下来的三个变量名用于返回工件坐标系中接触点位置的 X、Y 和 Z 坐标。指定的变量名是模态的。该变量不需要预先定义。

> 注意：
>
> 触摸宏只支持直线轴运动。

4）添加 W 轴（尾座）移动宏 WAxisIncreMotion，使 W 轴移动至某个位置。可以在"覆盖值"中输入 −1500，表示 W 轴向前移动 1500mm，在此范围内联动前面添加的宏，如果碰到了毛坯就会停止，如图 2-62 所示。

图 2-61

图 2-62

5）使用添加 W 轴的方法添加 V 轴（卡爪夹紧动作）以及 VAxisMachineMotion V 轴移动宏，如图 2-63 所示。

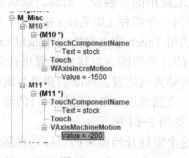

图 2-63

至此机床附件动作添加完毕。

如果定义了字格式，在 MDI 测试或运行程序时，VERICUT 提示该字未定义，可将该字拉入字格式中的 States 类中，再拉回初始定义的类，重置模型，就可以解决这个问题。

2.1.6 对刀操作"G-代码偏置"

1）单击"G-代码偏置"，选择"组件"为"Stock"毛坯，添加 G-代码偏置，如图 2-64 所示。

图 2-64

2）在程序零点中选择从组件"Turret"刀塔到组件"Stock"毛坯，如图 2-65 所示。

3）单击"平移到位置"坐标栏中空白处或单击右侧 按钮，然后单击毛坯右侧端面，如图 2-66 所示完成对刀。

图 2-65

图 2-66

2.1.7 添加测试数控程序

1）依次单击"数控程序""添加数控程序文件"，如图 2-67 所示。

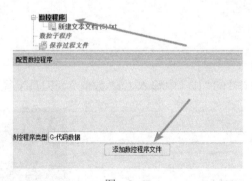

图 2-67

2）创建一个记事本，在记事本中输入如下程序后添加进来。

O01
M05
M11（顶尖移动）
M10（卡爪夹紧）
M3S800
T0101
G00X50Z0
X49.5
G1Z-150F100
X300Z1
T0202
G00X49Z0

```
G1Z-100F100
X300Z1
T0303
G00X48Z5
G1Z-80F100
X300Z1
T0404
G00X47Z0
G1Z-50F100
X300Z1
M05
M30
```

3）观察机床是否正确地移动并加工，且进行了碰撞报警等显示，如果出现碰撞，可修改顶尖直径或修改刀柄大小来解决碰撞报警。

2.1.8　让 G41/G42 半径补偿在仿真中生效

1）编写一段圆弧倒角测试程序并添加到数控程序文件中。程序如下：

```
M3S800
T0101
G00X50Z2
G42
G1X46Z0F100
G3X50Z-2R2
G1Z-150F100
X100
Z2
M30
```

2）在刀具管理器"刀补"的"ID"中输入 1，"数值"为刀具半径 0.8000，如图 2-68 所示。

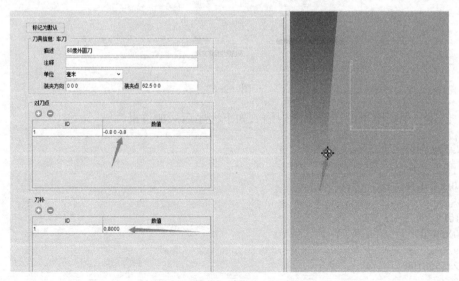

图　2-68

3）在"项目树"窗口中单击"工位：1"，在"G- 代码"选项卡的"刀具半径补偿"

下拉菜单中选择"开－默认为全半径"，如2-69所示。

4) 右击视图中任意位置，添加一个轮廓视图，单击 ◎ 按钮开始仿真，如图2-70所示。

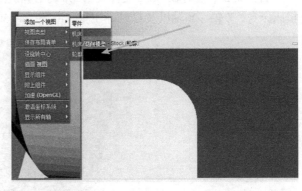

图　2-69　　　　　　　　　　　　　　图　2-70

5) 单击"测量"菜单，选择"特征记录"，单击圆弧轮廓，半径为2，如图2-71、图2-72所示。

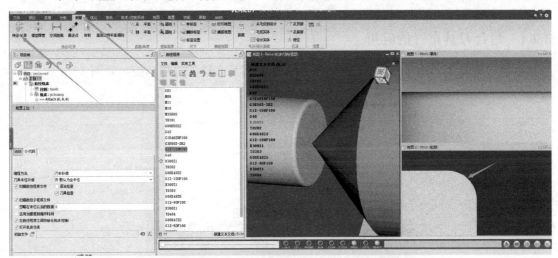

图　2-71

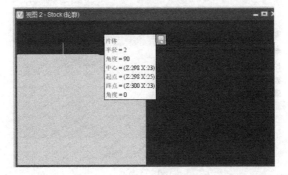

图　2-72

此时测量出的半径为 2mm，表示半径补偿起作用了。

2.2　卧式平床身排刀机的搭建与应用

打开第 2 章中的 CK0636 文件夹（二维码下载链接中），根据 2.1 节的方法，依次导入控制器、机床床身、Z 轴、X 轴以及 C 轴、主轴与毛坯（高 50mm、半径 15mm），如图 2-73 所示。

图　2-73

2.2.1　组合刀具布置的应用

因排刀机是多个独立的刀塔，所以要使用组合刀具布置的组件功能，如图 2-74 所示。

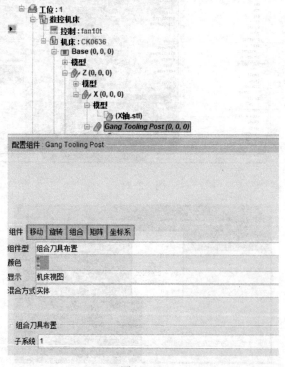

图　2-74

2.2.2　在组合刀具组件上添加刀塔

右击 Gang Tooling Post 组件添加刀塔 1 号，如图 2-75 所示（图中为刀具塔）。

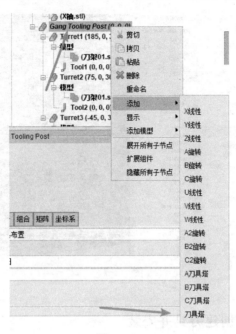

图　2-75

2.2.3　添加刀塔模型

把 1 号刀塔移动到图 2-76 所示的正确位置，并添加 1 号刀具组件，且刀具安装坐标也需要调整到正确位置。

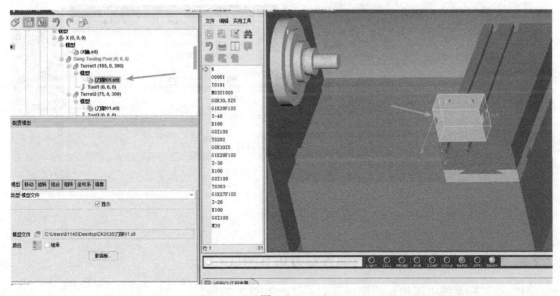

图　2-76

2.2.4 创建另外两个一样的刀塔

复制 1 号刀塔，在 Gang Tooling Post 的基础上粘贴出 2 号、3 号刀塔，如图 2-77 所示。

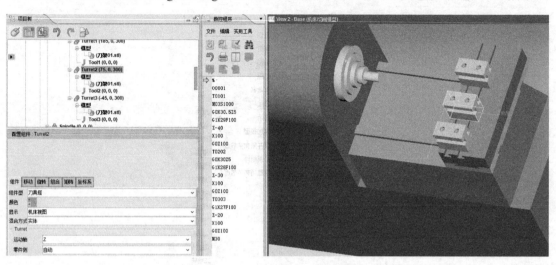

图 2-77

2.2.5 在刀具管理器中创建刀具并安装

在刀具管理器中单击"功能"菜单，此时可以看到三个刀塔，分别为 Turret1、Turret2、Turret3，其索引与刀具 ID 也需要与刀塔一一对应，如图 2-78 所示。

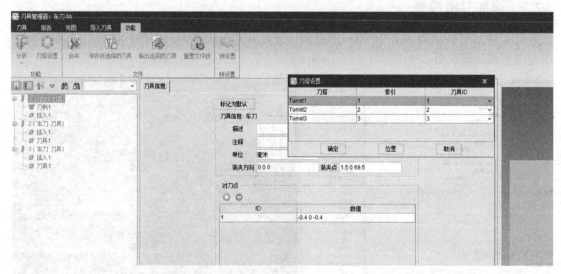

图 2-78

2.2.6 利用坐标系统功能进行偏置对刀仿真测试

1）在坐标系统中添加新的坐标系 Csys 1，如图 2-79 所示。

2）单击"位置"选项，此时输入框变为黄色底，可以在右侧机床视图中选择毛坯的右侧端面中心为加工坐标系，如图 2-80 所示。

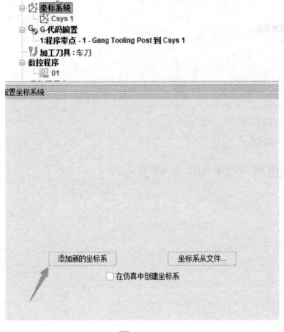

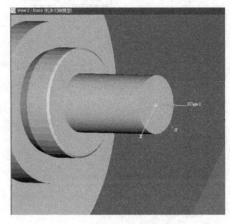

图 2-79　　　　　　　　　　　　　　　　　　图 2-80

3）单击"G-代码偏置"，"偏置"选择"程序零点"，"坐标系"选择"Csys1"，如图 2-81 所示。

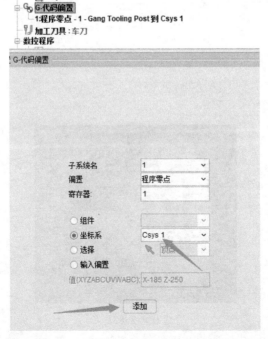

图 2-81

4）在程序零点中选择从组件 Gang Tooling Post 到坐标系原点 Csys1，如图 2-82 所示。

配置 程序零点	
子系统名	1
偏置	程序零点
寄存器	1

⦿ 选择 从到定位

特征	名字
从 组件	Gang Tooling Post
到 坐标原点	Csys 1

图 2-82

5）在数控程序中添加下面程序，并进行仿真。结果如图 2-83 所示。

```
%
O0001
T0101
M03S1000
G0X30.5Z5
G1X29F100
Z-40
X100
G0Z100
T0202
G0X30Z5
G1X28F100
Z-30
X100
G0Z100
T0303
G1X27F100
Z-20
X100
G0Z100
M30
```

图 2-83

至此，排刀机的搭建与组合刀具布置的应用完成。

2.3　车方机的搭建与应用

2.3.1　车方机的创建思路

在真实的数控车方机中，每种系统都有固定的指令来指定主轴转速、动力刀头转数、多边形边数来实现等比例旋转，达到车削多边形的目的。而在 VERICUT 中通过指定主轴转速是不能表现出主轴的实际动作的，也就是输入 M3 S100 与 M3 S10，主轴旋转的表现形式是一样的。

只有让 C 轴不断地旋转才能达到需要的旋转效果。同时要创建一把自定义刀盘，让刀盘通过一个旋转轴 B 轴进行旋转，同时 C 轴也进行旋转来实现车方动作。在自定义刀盘时，如果定制的是 3 把刀（3 个切削刃），那么刀盘旋转的比例要比 C 轴旋转的比例多一倍，即可实现车出六方的效果。以此类推，车四方则需要定制 2 个切削刃即可。

思路知道了，但在仿真时 C 轴上的毛坯与 B 轴上的刀盘互相接触时，VERICUT 会出现碰撞报警，报警信息为"两轴相互碰撞"。那么如何解决这个碰撞问题，让它切削呢？此时可以用到 VERICUT 中的一个案例插齿"broach.vcproject"，如图 2-84 所示。

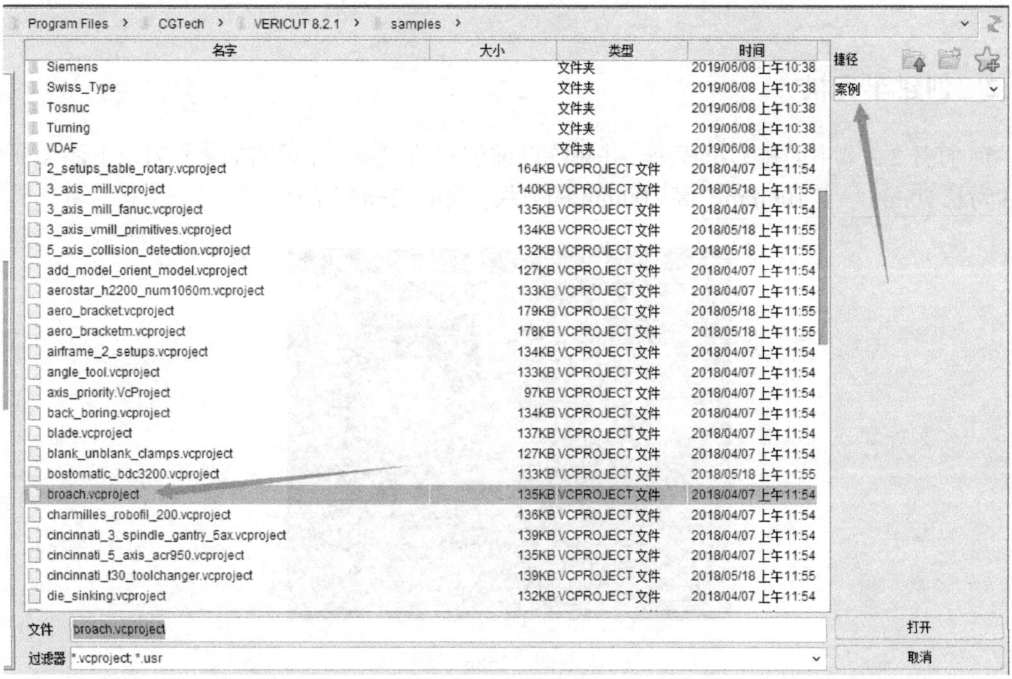

图　2-84

打开 broach.vcproject 官方案例后，可以看到该机床虽然是一个五轴的机床，但是该案例主要演示的是一个插削动作，即主轴无旋转运动，只做插削动作，插出齿形，如图 2-85 所示。且该数控程序中有 CGTECH_MACRO "BroachModeOnOff""" 1，该宏的作用就是开启拉削模式。其值为 1 时，为开启拉削模式；其值为 0 时，为关闭插削模式。

问题全部解决了，接下来就可以在排刀机的基础上创建一个简单的 B 轴来进行车方机的搭建。

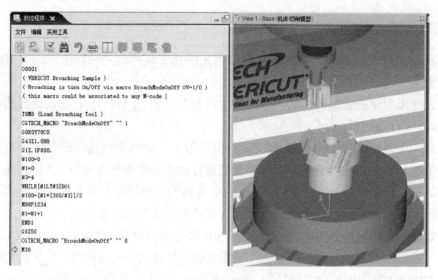

图　2-85

2.3.2　创建车方机

1）打开 2.2 节中的排刀机模型，并删除以前创建的刀塔，在以前的 2 号刀塔上添加模型，尺寸为长 70mm、宽 100mm、高 100mm 的方块，如图 2-86 所示。

图　2-86

2）因刀盘需要绕着 Z 轴旋转，所以要在 X 轴上添加一个 B 轴作为动力刀头，然后右击 B 轴添加一个刀塔组件，再右击刀塔添加模型，尺寸为高 25mm、半径为 20mm 的圆柱，并移动到图 2-87 所示的位置。

3）在 B 轴的刀塔组件上添加一个刀具组件后进入刀具管理器，在刀具管理器中添加一把铣刀，铣刀刀杆的直径为 10mm、长为 60mm，然后添加一个镶片型刀片。选择模型文件，打开多边形刀片（刀盘的形状可在 UG NX 中绘制好，导出为 ply 格式即可）后保存，如图 2-88 所示。

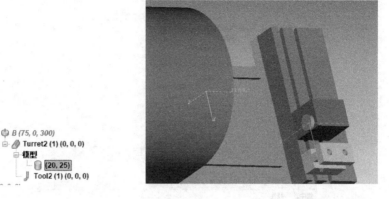

图 2-87

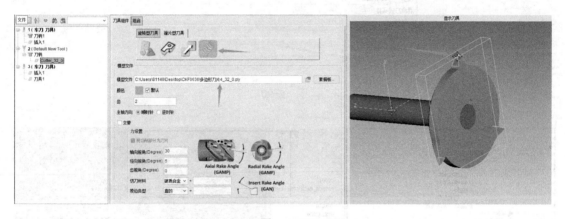

图 2-88

4）单击 重置模型按钮，观察刀具并调整好安装位置，如图 2-89 所示。

图 2-89

5）因刀具需要在工件的另一侧加工，所以单击 X 轴，勾选"反向"，如图 2-90 所示。

6）添加一个新的坐标系统 G54，单击"位置"，选择工件右侧端面或在"位置"中输入 0、0、50，如图 2-91 所示。

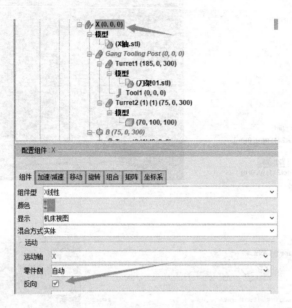

图 2-90

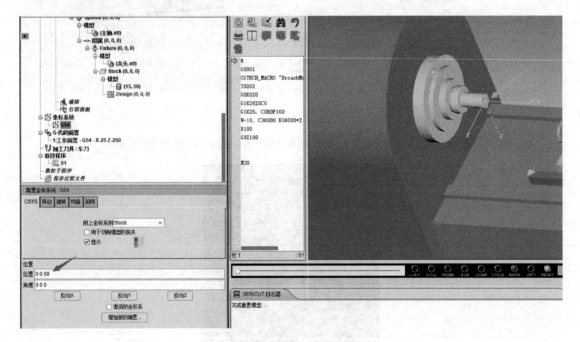

图 2-91

7）在"G- 代码偏置"中添加一个工作偏置，"寄存器"为"G54"，选择从组件 B 到坐标原点 G54，如图 2-92 所示。

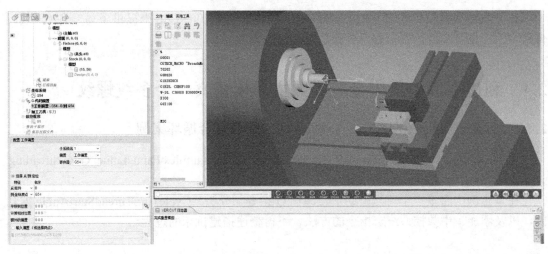

图　2-92

8）添加如下测试程序。

```
%
O0001
CGTECH_MACRO "BroachModeOnOff" "" 1
T0202
G54G0X0Z0
G1X28Z0C0
G1X25. C0B0F100
W-10. C36000 B36000*2 F100
X100
G0Z100
CGTECH_MACRO "BroachModeOnOff" "" 0
M4S800
G0X31Z-10
G01X28F100
G1Z-20F200
G0X100
Z100
M5
M30
```

9）单击单步运行按钮 ，仿真出六方形，如图 2-93 所示。

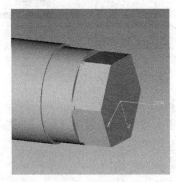

图　2-93

在下载链接模型压缩文件的 CKF0636 文件夹下的 CK0636.zip 中提供了另一种 G- 代码偏置方法，也可实现前置车方。至此车方机创建完成。

2.4 利用案例中斜床身后置刀塔车床仿真一个多线螺纹

2.4.1 打开官方提供的 FANUC 系统 G76 螺纹复合循环案例

案例目录为：C:\ProgramFiles\CGTech\VERICUT8.2.1\samples\Fanucfanuc_G76_threading.vcproject。

在本实例中将重点学习刀塔助手、添加 Q 指令（分头）CycleTurnThreadStartAngle 宏功能，以及添加华中数控系统宏指令的方法。不再赘述搭建机床的过程。

2.4.2 刀塔助手的说明

斜床身数控车床一般使用多边形侧固式刀塔，刀塔助手的作用就是在一个正多边形上一次性自动生成多个刀具组件和建立刀具安装坐标系与刀具索引。如图 2-94 和图 2-95 所示。

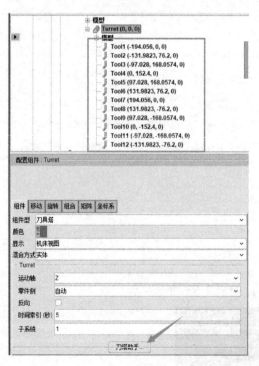

图 2-94

图 2-95

图 2-95 中部分参数说明如下：

1）端面数：多边形刀塔的端面数量，如果是 12 方刀塔就输入 12。

2）内切圆半径：多边形的内切半径。

3）Z 最小值：多边形最小厚度的起始值。

4）Z 最大值：多边形最大厚度的起始值。

5）文件名：可以添加 CAD 中绘制好的刀塔模型。

6）刀具组件名：刀塔的名称。

7）开始刀具索引：一般从 1 开始。

8）初始索引位置：用于指定刀具组件将放置的从刀塔起始点的径向距离。

9）A：用于指定第一个刀具组件所处的起始位置极角。默认情况下，如果面数为偶数，则起始位置极角默认为 0；如果面数为奇数，则极角为 5°（360°/面数）。这将默认的工具位置放在 XY 平面的中心。

10）Z：用于指定刀具组件的 Z 位置。默认的 Z 位置是 5（Z_{max}–Z_{min}）。

11）索引方向：用于指定刀塔周围的方向，随后的刀具组件将从第一个位置开始索引。有顺时针或逆时针两种选择。

12）添加刀具组件：创建工具组件并将它们添加到组件树中。将刀塔上的每个面创建一个刀具组件。工具部件位置将以面数 /360° 围绕刀塔原点旋转，并将径向距离（R）从刀塔原点定位到指定的方向，并从起始数指定起始角（A）开始按指定的方向编制索引。组件将被命名为 Tool Component Name1、Tool Component Name2 等，这取决于选择的起始刀具索引号。

2.4.3 为控制器添加螺纹循环起始角（分头）功能

FANUC 系统分头的功能一般用 Q 来指定，格式为 G32 X_Z_F_Q_ 或者 G92 X_Z_F_Q_ 。

官方创建的几种 FANUC 系统并不支持 Q 指令，此时在 VERICUT 帮助中搜索"螺纹循环起始角"，即可找到 CycleTurnThreadStartAngle 宏功能：

CycleTurnThreadStartAngle 宏是车削循环宏，其覆盖值为车削螺纹时的主轴旋转起始角度。

此宏用于设置螺纹循环的启动方向（0～359.999°），一般螺纹循环中的多个导程。具体操作方法如下：

1）在"机床 / 控制系统"菜单中选择"字地址"。

2）展开"Registers"，右击"Q_1"选择"添加 / 修改"。

3）在"条件"选项下的"操作符"选择"与"、"类型"选择"字"、"条件"选择"G"、"条件值"为"32"。

4）勾选"宏名"，在下方宏名中输入 CycleTurn-ThreadStartAngle 后单击"添加"，如图 2-96 所示。

图 2-96

2.4.4 仿真测试多线螺纹

添加如下测试程序：

```
G21 G40 G80 G99
M01
T0606 M8
G97 S300 M3
G0 G40 G80 G99 X65 Z5
G0X59
G32Z-50Q0F10（起始角度 0）
G0X65Z5
X59
G32Z-50Q180F10（起始角度为 180）
G0X65Z5
M30
```
单击单步运行按钮 ⊙ ，仿真出第一头与第二头螺纹，如图 2-97 所示。

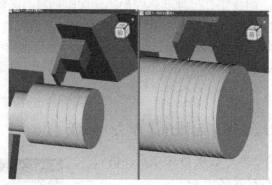

图　2-97

以此类推，也可以在 G92 螺纹循环中添加 Q 指令，其方法与 G32 类似。

2.4.5　修改控制器使其支持华中数控系统宏格式

打开官方定制的华中数控系统 huazhong_hnc.ctl，华中数控关于宏代码格式的说明如图 2-98 所示，该系统不支持 WHILE DO 和 IF GOTO 指令。我们发现有很多错误，如图 2-99 所示，左侧为作者修改后的正确格式，右侧为官方给出的错误格式。

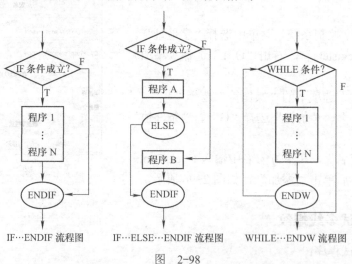

IF…ENDIF 流程图　　　　IF…ELSE…ENDIF 流程图　　　　WHILE…ENDW 流程图

图　2-98

其正确的格式为 WHILE…ENDW、IF…ELSE…ENDIF。

删除 DO、END、GOTO 指令后，在 IF 中修改宏为 IfBlock，然后在 ElseBlock 中添加覆盖值为 1，其 ElseBlock 中值为 0 表示该宏条件为假（条件不成立）；其值为 1 时，表示条件为真（条件成立）。

ElseBlock 宏的作用是用于在 IF 代码块中定义 ELSE 或 ELSE_IF" 条件。对于"Else_IF" 条件，指定要计算的表达式，以确定是否执行块。对于 Else 语句，指定值为 1。

IfBlock 宏的作用是定义 IF 代码块的开头。它计算指定的表达式是真还是假，以确定是否执行代码块。IF 代码块的结尾是用 ENDIF 块指定的。代码的 IF 块也可以包含任意数量的 ELSE 或 ELSE_IF 语句，这些语句都是使用 ElseBlock 指定的。

另外，还需在字格式中添加 ENDW，类型为宏，即可完成对华中数控车床控制系统的修改，如图 2-99 所示。

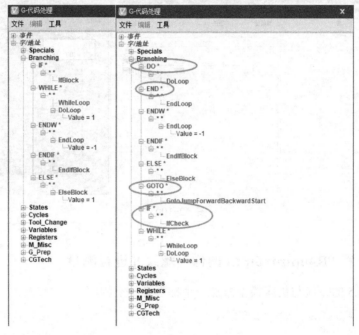

图　2-99

添加下面测试循环车外圆宏程序：

```
%
M3S800
T0101
G00X80Z5
#1=19.5；单边总吃刀量
#2=1.3；每次背吃刀量 1.3mm，测试使这个数不被整除
WHILE#1GT0；判断是否达到 0
IF#1GE#2；如果 #1 小于等于 #2，那么就使 #2 等于 19.5。执行 ELSE 和 ENDIF 之间的程序
#1=#1-#2；每次自减吃刀 1.3mm，最后一刀因为 #2=#1 强制赋值了，强制使 #2 变成 0.9mm，所以最
后到了 #1=#1-#2 这一行时 0.9mm-0.9mm=0
G1X[60.02+2*#1]；最后一刀算法为 60.02+2*0
Z-50F150
```

```
G01X100
Z5
ELSE
#2=#1
ENDIF
ENDW
G00X100
Z10
M30
```

此程序用于检测 WHILE…ENDW、IF…ELSE…ENDIF 语句。

单击播放按钮 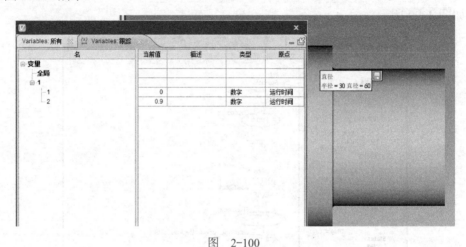，发现系统能够正常运行，无报警提示，查看变量追踪并得出正确的结果，如图 2-100 所示。

图　2-100

2.4.6　模拟一个 TR40mm×6mm 的梯形螺纹并进行测量

1）利用 2.4.5 的系统与机床模型添加一个梯形螺纹宏程序：

```
N1 %1
N2 M3S300
N3 T0202
N4 #11=0.131；X 向每层背吃刀量
N5 #54=0.213；Z 向借刀量，平移步距
N6 #30=40；外径
N7 #31=3.5；单边牙深
N8 #1=#31-0.2；第一刀吃刀量
N9 #40=[#30-#31*2]；内径
N10 #50=10；起刀点位置
N11 #51=-50；螺纹长度
N12 #52=6；螺距
N13 #53=55；安全 X 向退刀量
N14 G00X#30Z#50
N15 WHILE#1GT0
N16 #1=#1-#11
N17 #6=1.3；刀宽
```

```
N18 #2=2.196；牙底宽
N19 #3=TAN[15]*#1；两侧牙型角
N20 #5=#2+#3*2-#6
N21 #10=#5/2
N22 #9=0
N23 #12=#10
N24 WHILE#9NE#12
N25 #9=#9+#54
N26 IF#1GE#11
N27 ELSE
N28 #11=#1
N29 ENDIF
N30 IF#9LE#12
N31 ELSE
N32 #9=#12
N33 ENDIF
N34 G0X[#40+#1*2]Z[#50+#9]
N35 G32Z#51F#52
N36 G0X#53
N37 Z#50
N38 G0X[#40+#1*2]Z[#50-#9]
N39 G32Z#51F#52
N40 G0X#53
N41 Z#50
N42 ENDW
N43 ENDW
N44 G0X120
N45 Z5
N46 T0303( 测量比对刀具 )
N47 M30
```

2）单击播放按钮◎开始仿真。仿真结束后单击"项目"中的⟡剖面功能，然后在"剖面"窗口中单击"剖面"按钮进行剖切设置，如图 2-101 所示。利用⟡手工数据输入功能，选择点功能⟡后，在"运动步距"中更改步数（机床移动的距离），单击蓝色的 ◻ ◻ 功能进行牙形比较，如图 2-102 所示。

图　2-101

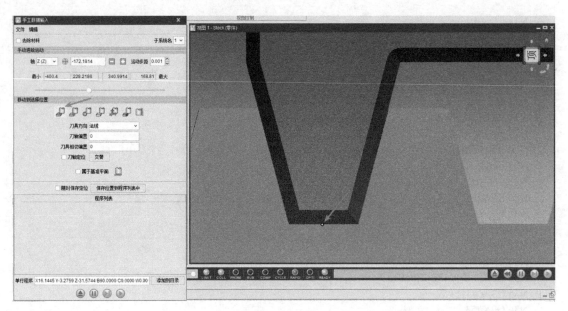

图　2-102

3）利用"保存切削模型"导出到 CAD 软件中进行测量（图 2-103），输出切削模型支持的格式如图 2-104 所示。

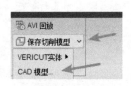

图　2-103

图　2-104

本 章 小 结

　　本章主要讲解了几种常见的数控车床的搭建与一些实际应用，还有一种单主轴、双刀塔多通道的数控车床案例因篇幅有限，大家可以在官方提供的案例集中打开 ill_Turn/turn_merge_4ax_fanuc 项目文件自行学习，如图 2-105 所示。

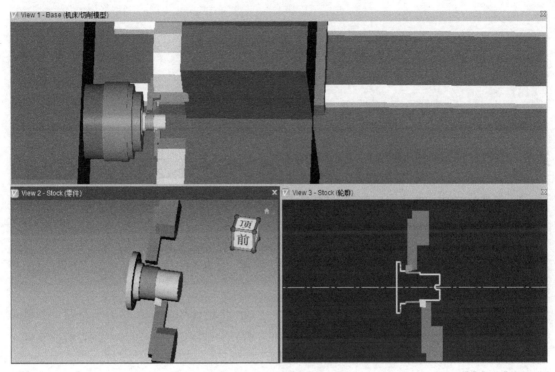

图　2-105

第3章

车铣复合机床的搭建

3.1 机床床身搭建

1）打开 VERICUT8.2，打开下载链接中第 3 章模型的 millturn_session_111mt_controlling_auxiliary_components.vcprojcet 文件。

2）单击显示机床组件 按钮，显示机床的组件附属关系。

3）依次在 Base 中添加 Z 线性、X 线性、Y 线性、B 旋转、A 旋转、主轴、刀具组件，如图 3-1 所示。

4）通过项目树下方的"移动"命令（图 3-2），将组件的坐标系移动至与图 3-2 相同的坐标值上。

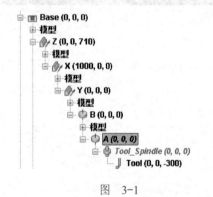

图 3-1

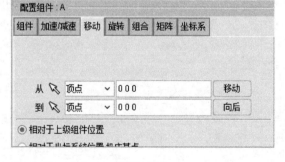

图 3-2

5）在 Z 组件中添加矩形模型 (2337, 76, 805)，位置为 X-609、Y-686、Z-333。在 X 组件中添加矩形模型 (1067, 25, 805)，位置为 -349、Y-610、Z-333。在 Y 组件中添加模型文件"Y 轴"，角度为 0、0、180°。在 B 组件中添加模型文件"B 轴"，角度为 0、0、180°。

6）搭建的模型如图 3-3 所示。

7）依次在 Base 中添加 C 旋转、主轴、附属、夹具、毛坯，并将主轴重命名为 Part_Spindle，如图 3-4 所示。

图 3-3

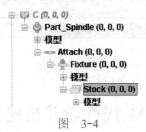

图 3-4

8）在 Part_Spindle 中添加圆柱模型 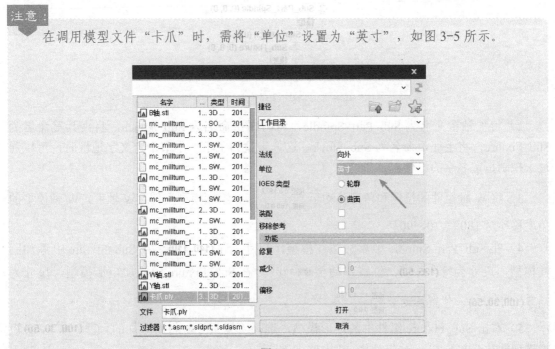 **(250, 40)**，位置移动至 X0、Y0、Z-75。添加圆柱模型 **(195, 35)**，位置移动至 X0、Y0、Z-35。添加圆柱模型 **(140, 110)**。

9）在 Fixture（夹具）组件中，添加模型文件"卡爪"，位置移动至 X0、Y0、Z110。

> **注意** :
>
> 在调用模型文件"卡爪"时，需将"单位"设置为"英寸"，如图 3-5 所示。

图 3-5

10）在 Stock（毛坯）组件中，添加圆柱模型 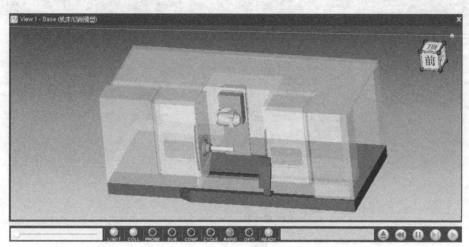（75, 700），位置为 X0、Y0、Z146。

11）搭建模型，如图 3-6 所示。

图 3-6

3.2 在机床的右侧添加 W 线性轴并搭建第二旋转轴

1）在 Base 中依次添加 W 线性、C2 旋转、主轴、附属、夹具、毛坯，如图 3-7 所示。

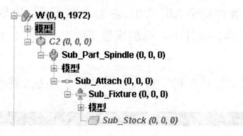

图 3-7

2）将主轴重命名为 Sub_Part_Spindle，将附属重命名为 Sub_Attach，将夹具重命名为 Sub_Fixture，将毛坯重命名为 Sub_Stock。这一步是为了下一小节中定义字地址时，可以通过宏控制指定名字的组件。

3）将 W 轴组件的位置和角度移动至 位置 0 0 1972 角度 180 0 0，并添加模型文件"W 轴"，W 轴模型的角度移动至 180°、0、90°。

4）在 Sub_Part_Spindle 中添加圆柱模型，尺寸为 (140, 110)。在 Sub_Fixture 中添加圆柱模型，尺寸为 (125, 50)，位置移动至 位置 0 0 110。在 Sub_Fixture 中添加矩形模型，尺寸为 (100, 30, 56)，位置移动至 位置 15 -15 160 角度 0 0 0。

5）右击 Sub_Fixture 组件中的矩形模型，选择"拷贝"，将新添加的 (100, 30, 56) 矩形模型粘贴至 Sub_Fixture 组件中，如图 3-8 所示。

6）在 Sub_Fixture 的模型中选中一个粘贴的矩形模型，设置旋转中心为卡盘端面的中心，绕 Z+ 旋转 120°，如图 3-9 所示。

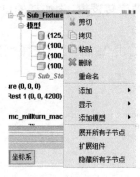

图 3-8

图 3-9

> 注意：
>
> 设置旋转中心后，只有将旋转中心显示 ⊙ 才能正确旋转。

7）在 Sub_Fixture 的模型中选中另一个粘贴的矩形模型，设置旋转中心为卡盘端面的中心，绕 Z− 旋转 120°，如图 3-10 所示。

图 3-10

搭建出的模型如图 3-11 所示。

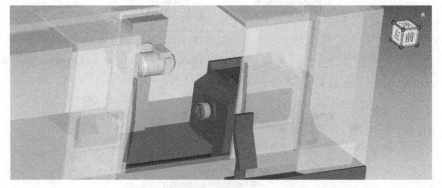

图 3-11

3.3 定义主轴的旋转逻辑

在 mc_millturn_control.ctl 控制系统的基础上添加主轴旋转逻辑、中心架的自动夹紧功能。具体步骤如下：

1）单击"机床/控制系统"菜单，打开"字地址"，右击"States"，选择"添加/修改"，添加字 M，范围为 3，如图 3-12 所示。

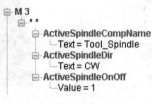

图 3-12

> 提示：
> 字地址就是赋予字格式中定义的字功能。

图 3-12 中参数说明如下：

① ActiveSpindleCompName：宏，此宏根据传入的覆盖文本值设置主轴组件名称，即 M3 只能控制名为 Tool_Spindle 的主轴组件。

② ActiveSpindleDir：宏，定义主轴的旋转方向，覆盖文本为 CW 时为顺时针，CCW 时为逆时针。

③ ActiveSpindleOnOff：宏，此宏用于打开或关闭主轴组件，其覆盖值为 1 时为开，0 时为关。

> 注意：
> 字地址中的宏都是由上至下依次顺序地执行。

2）在 States 中定义主轴反转 M4、主轴停止 M5 的字格式，如图 3-13 所示。

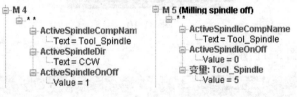

图 3-13

展开 Registers，右击"S"，选择"添加/修改"，添加 S 与 M19 的条件并添加宏 AAxisMachineMotion，如图 3-14 所示。

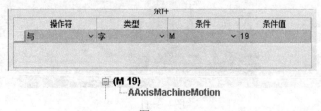

图 3-14

添加条件是将当前字与添加条件的字形成关联。如在 S 中添加条件 M19，意思是当 S 与 M19 处于同一行指令时，S 的值将用于 A 轴的定位，即主轴定向。例如 M19 S180 表示 A 轴移动至 180°。

3）在 S 中添加与 G92 和 R1 的条件，并添加宏，如图 3-15 所示。

图　3-15

图 3-15 中参数说明如下：

① ActiveSpindleCompName：宏，此宏根据传入的覆盖文本值设置主轴组件名称，即当 S 与 G92 R1 同时执行时是控制名为 Part_Spindle 的主轴组件。

② ActiveSpindleMaxSpeed：宏，此宏的作用是将主轴组件的最大速度设置为输入值。如 G92 R1 S20000 表示 Part_Spindle 主轴最大转速为 20000r/min。

4）同理，在 S 中设置 G92 和 R2 与 G92 和 R3，如图 3-16 所示。

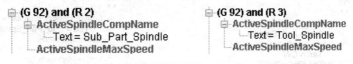

图　3-16

5）在范围为 ** 的 S 字中不设置任何条件，添加 Unsupported 宏、ActiveSpindleSpeed 宏与变量 4119。VERICUT 中一个字不设置任何条件时就显示 **，如图 3-17 所示。在 ** 中添加宏，表示如果没有与之相匹配的条件，就执行 ** 中的宏。

图　3-17

图 3-17 中参数说明如下：

① Unsupported：宏，打印不支持指定的字/值的警告消息。

② ActiveSpindleSpeed：宏，主轴旋转。

③ 变量：4119：用于 S 指令执行时，在"信息"的"变量"中监测当前主轴每分钟的旋转速度。一般用于当一个字设置有多个条件时，每个条件内设置不同的变量值，执行指令时，就可以通过变量值判断运行的是哪个条件。

6）在 Registers 中，右击"Q_1"，选择"修改/添加"，分别创建 G92 和 R1、G92 和 R2、G92 和 R3 的条件，并设置宏，如图 3-18 所示。

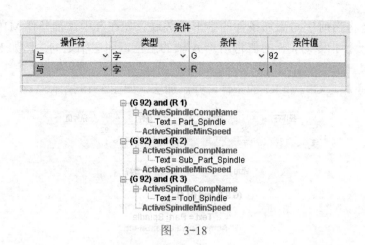

图 3-18

图 3-18 参数说明如下：

ActiveSpindleMinSpeed：宏，控制主轴最低转速。如 G92 R3 Q15000 表示 Tool_Spindle 主轴最低转速为 15000r/min。

7）同理，在字地址的 States 中添加字为 M，范围为 203、204、205 的字（设置 Part_ Spindle 主轴旋转逻辑），如图 3-19 所示。

8）在 States 中添加字为 M，范围为 303、304、305 的字（设置 Sub_Part_Spindle 主轴旋转逻辑），如图 3-20 所示。

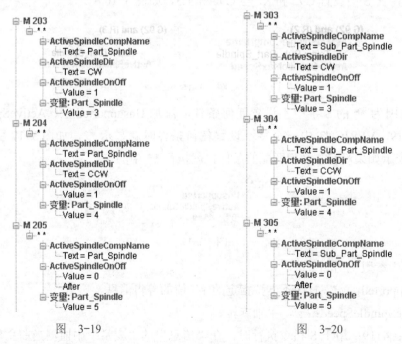

图 3-19   图 3-20

3.4 中心架的搭建与自动夹紧功能实现

M76 控制中心架的移动，M77 控制中心架自动夹紧，M78 控制中心架自动松开。

在 mc_millturn_control.ctl 控制系统的基础上添加中心架的自动夹紧功能。具体步骤如下：

1）在 Base 中添加 Z 轴，并将 Z 轴重命名为 SteadyRest，移动坐标至 0、0、4200，如图 3-21 所示。

2）在 SteadyRest 中添加模型文件中心架 1 ～ 11，模型的位置和角度移动如图 3-22 所示。

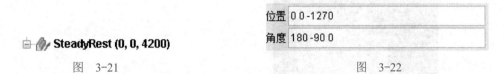

SteadyRest (0, 0, 4200)

图 3-21

| 位置 | 0 0 -1270 |
| 角度 | 180 -90 0 |

图 3-22

3）在 SteadyRest 组件中新建两个 A2 旋转，分别命名为 Arm1 和 Arm2。将 Arm1 组件移动至 Arm1 (-160, 135, 0)，将 Arm2 组件移动至 Arm2 (-160, -135, 0)。

4）在"Arm1"中添加模型"左爪"，在"Arm2"中添加模型"右爪"。将左爪的位置与角度移动至 位置 206 -37 -1270 角度 -150 -90 0，将右爪的位置与角度移动至 位置 206 37 -1270 角度 150 -90 0。

5）在项目树下方的选项中将 Arm1 和 Arm2 的"运动轴"设为 Z 轴，并将 Arm2 的"反向"勾选，将组件 SteadyRest、Arm1、Arm2 的"子系统"设为"SteadyRest"，如图 3-23 所示。

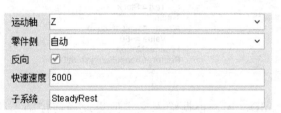

运动轴	Z
零件侧	自动
反向	☑
快速速度	5000
子系统	SteadyRest

图 3-23

> 注意：
> 运动轴设为 Z 轴，表示 Arm1 和 Arm2 将围绕 Z 轴旋转。

将 SteadyRest、Arm1、Arm2 组件的"子系统"设为"SteadyRest"的目的是：

① "手工数据输入"窗口中可以选择不同的子系统，如图 3-24 所示。

图 3-24

② 字地址中的 ChangeSubsystemID 宏可以控制指定的子系统组件。

6）搭建后的中心架如图 3-25 所示。

7）单击"机床 / 控制系统"菜单，选择"字地址"，在"M_Misc"上右击，选择"修改 / 添加"，添加字 M，范围为 76 的字，如图 3-26 所示。

NullMacro 宏不执行任何操作。

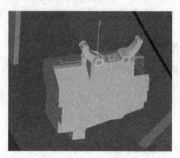

图 3-25

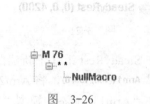

图 3-26

8）在"M_Misc"中添加字 M，范围为 77 的字，如图 3-27 所示。图中参数说明如下：

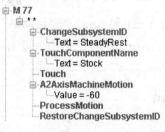

图 3-27

① ChangeSubsystemID：宏，根据输入文本值更改当前控制系统驱动的子系统，即如图 3-27 所示，控制子系统为 SteadyRest 的组件。

② TouchComponentName：宏，此宏可指定触摸宏输入文本的"触摸"组件，即当控制的组件触碰到 Stock 组件时，就停止继续运动。该宏并不会移动组件。

③ Touch：宏，移动组件去触碰 TouchComponentName 宏设置的组件。

④ A2AxisMachineMotion：宏，A2 旋转轴旋转。输入的值表示旋转的角度，图 3-27 为 −60°。

⑤ ProcessMotion：宏，处理与前一组命令相关联的运动。

⑥ RestoreChangeSubsystemID：宏，将当前子系统（SteadyRest）还原为默认状态。

9）在"M_Misc"中添加字 M，范围为 78 的字，如图 3-28 所示。

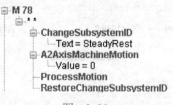

图 3-28

10）展开 Registers，在"Z"上右击，选择"修改 / 添加"，单击"添加条件"，如图 3-29 所示。

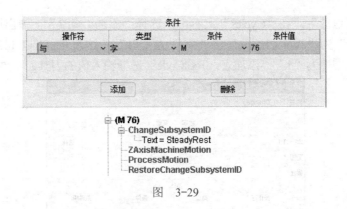

图 3-29

当宏 M76 单独执行时是运行 NullMacro 宏，当 M76 与 Z 同时执行时，是运行 Z 条件内的宏。

3.5 定义车铣复合机床的换刀逻辑

在 mc_millturn_control.ctl 控制系统的基础上定义刀具主轴换刀逻辑。定义车铣复合机床的换刀指令格式为 Tx.xx，如 T1（调用 1 号刀具）.2（主轴方向 1 或 2）2（可忽略）。

1）打开"机床 / 控制系统"菜单，选择"字格式"，单击"添加"，添加字 T，如图 3-30 所示。

名字	类型	次级类型	英制	英寸格式	公制	公尺格式	乘	乘数	综合格式
T	宏 ∨	综合-数字 ∨							3.1*

图 3-30

注意:
①综合 - 数字：会将值按综合格式分割成不同的单独操作部分。
②综合格式：可以理解为一种分割值的规则，如图 3-31 所示。如 T123456.123 综合格式为 3.1*；T=123456.123，T1=123，T2=1，T3=23。

样本数据	综合格式	分解获得值
T0203	2 2	T=203, T1=02, T2=03
T102	1 2	T=102, T1=1, T2=02
T0304 or T304	* 2	T=304, T1=03, T2=04
T10001	* 2	T=10001, T1=100, T2=01
T102	1 1 1	T=102, T1=1, T2=0, T3=2
T12345678	2 * 2	T=12345678, T1=12, T2=3456, T3=78
T102.3	* 2.1	T=102.3, T1=1, T2=02, T3=3
T102.3	2.1	T=102.3, T1=10, T2=3
T12345678.321	2 2.2	T=12345678.321, T1=12, T2=34, T3=32

图 3-31

2）单击"字地址"，在"Cycles"上右击，选择"添加 / 修改"，弹出图 3-32 所示的窗口。设置"类名"为"Tool_Change"，"字"为"T1"（这里的 T1 以 T123456.123 举例，表示 123），"范围"为"*"，添加宏：ToolCode（选择输入值的刀具），添加变量：4120。

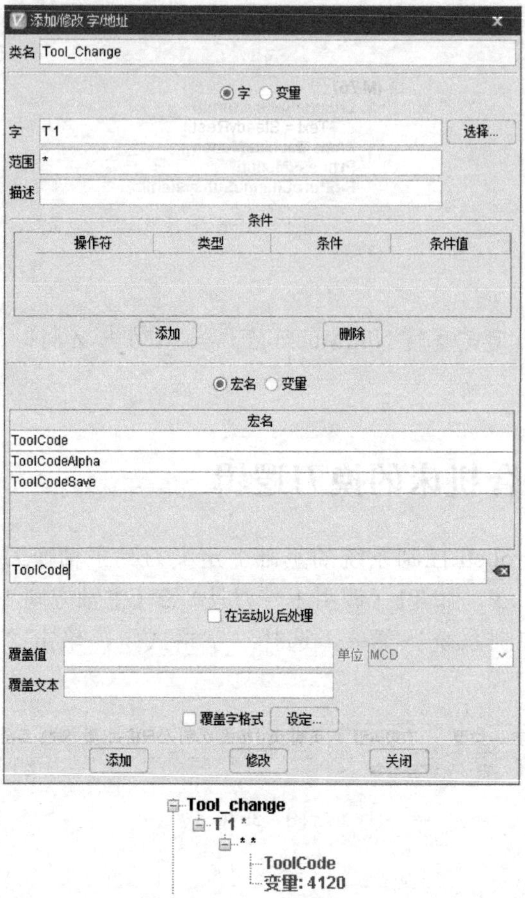

图　3-32

　　当在字格式中设置了综合 - 数字的 T 后，VERICUT 会自动按照综合格式生成 T1、T2 等。

3）在 Tool_Change 中继续添加，字：T2，范围：*，添加宏：AAxisMachineMotion（A轴旋转角度），覆盖文本：180（A 轴旋转至 180°），条件设置如图 3-33 所示（该条件意思为：当 T2 的值为 1 时，执行该条件内的宏）。

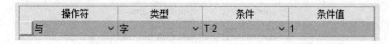

操作符	类型	条件	条件值
与	字	T 2	1

图　3-33

继续添加条件，如图 3-34 所示。添加宏：AAxisMachineMotion（A 轴旋转角度）。覆盖文本：0（A 轴旋转角度至 0）

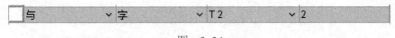

图 3-34

最终设置如图 3-35 所示。

4）在 Tool_Change 中添加 T3，如图 3-36 所示。图中参数说明如下：

图 3-35　　　　　　　　　　　　　图 3-36

IgnoreMacro：宏，忽略调用它的单词 / 值（不导致任何操作）。

5）在 Tool_Change 中添加字 M，范围为 6 的字，如图 3-37 所示。图中参数说明如下：

① TurnOnOffGageOffset：此宏在刀具长度补偿模式中使用，覆盖值为 0 时表示取消刀具长度补偿。

② TurnOnOffGagePivotOffset：此宏打开 / 关闭从刀具组件到旋转轴中心点的偏移量，覆盖值为 0 时取消摆长。

③ ProcessMotion：处理与上一组命令关联的运动。

④ XAxisMachineMotion：移动 X 轴至覆盖值的坐标。该坐标以机床坐标系为准。

⑤ ZAxisMachineMotion：移动 Z 轴至覆盖值的坐标。该坐标以机床坐标系为准。

⑥ ToolChange：换刀。

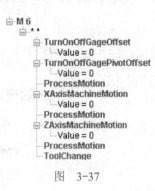

图 3-37

本 章 小 结

本章主要讲解了车铣复合的搭建、机床附件动作的实现与常用命令的添加，给读者一个思路进一步理解 VERICUT 宏的使用方式。

第4章

模型位置配置与多工位仿真

4.1 模型的移动与组合

单击"帮助"→"欢迎"→"练习",打开练习文档 Session 9 Move and locate models,练习组件的移动与组合。

4.1.1 移动(从顶点到顶点)

移动(从顶点到顶点)界面如图 4-1 和图 4-2 所示。

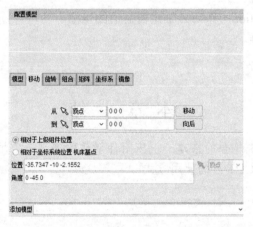

图 4-1

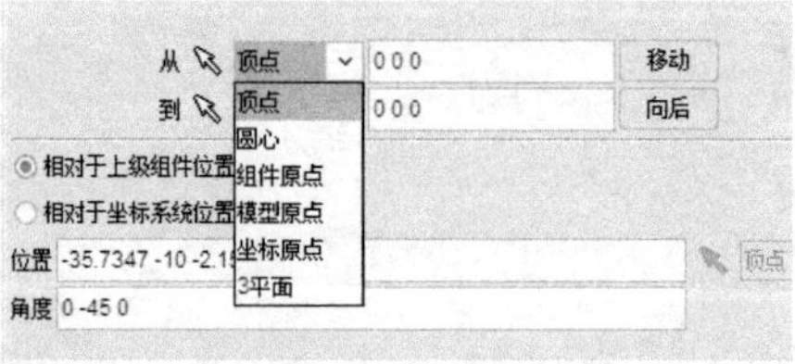

图 4-2

在"移动"选项卡下,从 什么位置到 什么位置,可以单击后抓取模型移动的起点与终点，其操作步骤为：

1）单击从 🔖，选取想要的开始顶点位置。

2）单击到 🔖，选取想要的结束顶点位置。

3）单击"移动"按钮 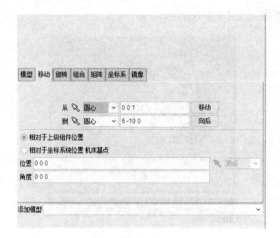 即可以实现移动，如果单击"向

后"按钮，则可以向相反方向移动。

如果想移动多个模型，可用 Ctrl+ 鼠标左键选择目标即可实现同时移动多个目标。

4.1.2 移动（从圆心到圆心）

移动（从圆心到圆心）界面如图 4-3 所示。

图　4-3

移动（从圆心到圆心）的操作步骤如下：

1）在机床视图下添加模型为圆柱，改颜色为白色，如图 4-4 所示。

图　4-4

2）再次添加第二个圆柱模型，尺寸为半径 1mm、高 1mm，将坐标栏 X 改为 50，单击"移动"，如图 4-5 所示，把颜色改为橙色。

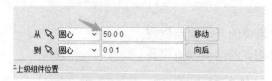

图 4-5

3）选择圆的 XY 平面，如图 4-6 所示。

图 4-6

4）选择圆柱 / 圆锥面，如图 4-7 所示。

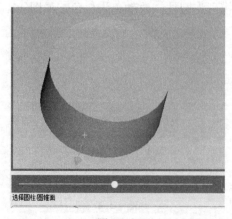

图 4-7

5）选择白色圆柱中的 XY 平面，如图 4-8 所示。

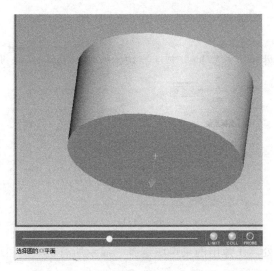

图 4-8

6）选择白色圆柱中的圆柱面，单击"移动"即可完成，如图 4-9 所示。

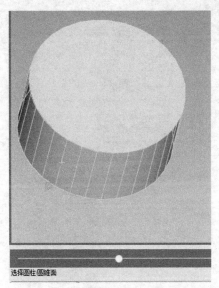

图 4-9

完成后效果如图 4-10 所示。

图 4-10

4.1.3 组件原点

组件原点指的是线性轴、旋转轴、夹具等初始位置，如图 4-11 所示。

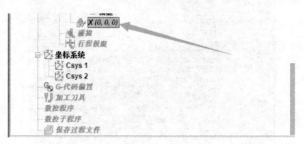

图 4-11

右击机床视窗空白处，在弹出的菜单中选择"显示所有轴"，勾选"组件"，如图 4-12 所示。

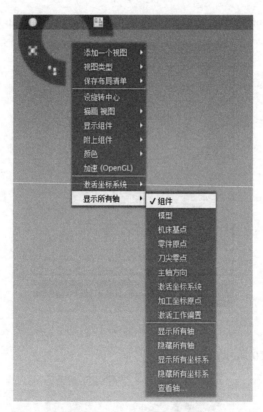

图 4-12

4.1.4 模型原点

模型原点指的是从其他厂商的 CAD 软件调入的模型自身的 WCS 坐标系，如图 4-13 所示。

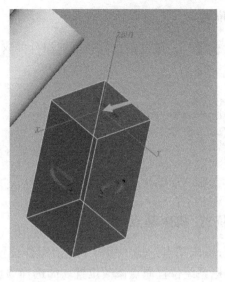

图　4-13

4.1.5　坐标原点

坐标原点指的是坐标系统中的坐标位置，如图 4-14 所示。

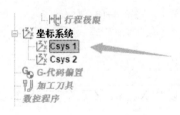

图　4-14

4.1.6　3 平面

此原点功能是指选择三个平面确定一个点的位置，如图 4-15 所示。

图　4-15

4.1.7 相对于上级组件位置

点选"相对于上级组件位置"，可以直接修改当前组件的 X、Y、Z 坐标值与角度，如图 4-16 所示。

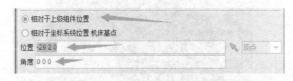

图　4-16

4.1.8 相对于坐标系统位置 机床基点

"相对于坐标系统位置　机床基点"与"相对于上级组件位置"的区别是可以直接启用鼠标选取功能，并相对于坐标系统位置原点修改位置。如选择顶点后，可以直接点取模型的任意点来进行零件的移动定位，如图 4-17 所示。

图　4-17

4.1.9 旋转

模型的旋转如图 4-18 所示，可以绕 X、Y、Z 三个方向进行旋转。

注意：

一定要单击◎按钮确定好旋转位置才能正确旋转。

具体应用已经在第 2 章配置数控车床中讲解了，具体操作过程不再叙述。

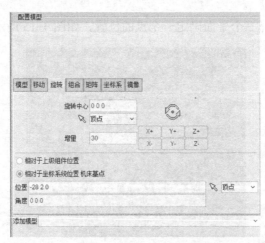

图　4-18

4.1.10 组合

"组合"选项卡窗口如图 4-19 所示。其约束类型介绍如下：

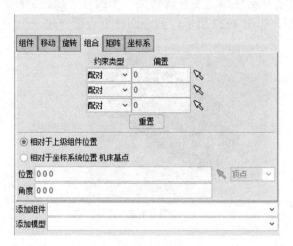

图　4-19

1）配对。配对指的是把需要配对的组件，用选择面的方式进行相反矢量对齐，如图 4-20 所示，首先选择绿色圆柱，然后单击"配对"，单击 ✎，选择 1 面与 A 面配对。

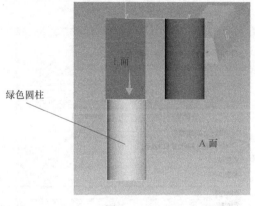

图　4-20

2）排列。排列指的是把需要配对的组件，用选择面的方式进行相同矢量对齐。

具体操作步骤如下：首先选择蓝色 A 圆柱，选择"排列"，单击 ✎，再选择 A 面，然后选择绿色圆柱 1 面，如图 4-21 所示。

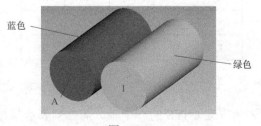

图　4-21

3）圆柱排列。圆柱排列指的是把两个圆柱按照圆心排列在一起。

具体操作步骤如下：首先选择蓝色圆柱，选择"圆柱排列"，单击⬡，然后选择圆柱的XY平面（A面），再选择圆柱面，接着选择第二个圆柱（绿色圆柱）的XY平面，最后选择第二个圆柱的圆柱面，如图4-22所示，两个圆柱重合在一起。

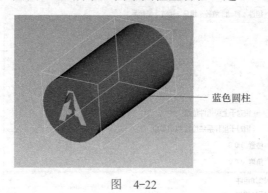

图 4-22

4.1.11 矩阵

"矩阵"选项卡窗口如图4-23所示。矩阵表类似用于编写APT NC程序的矩阵。它的12个参数从机床原点的角度表示了局部（变换）坐标系（CSYS）的几何属性。矩阵表的格式如图4-24所示。

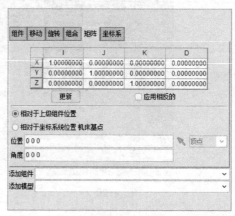

图 4-23

	I	J	K	D
X	I1	J1	K1	D1
Y	I2	J2	K2	D2
Z	I3	J3	K3	D3

图 4-24

图4-24中，每一行表示本地CSYS的一个轴。前三列表示与每个轴相关的向量：I1、J1、K1为正X轴向量；I2、J2、K2为正Y轴向量；I3、J3、K3为正Z轴向量。第四列值

D1、D2、D3 表示本地 CSYS 起始点的坐标。

> **注意：**
>
> 如果希望看到在垂直轴上以 I、J、K 显示的矩阵表，以及沿水平轴显示的 X、Y、Z，应设置环境变量 cgtech_matxFormat=vertical。

更新：更新对象位置以反映矩阵表转换。更新后，单击"确定"或"应用"移动对象。

应用相反的：当勾选时，反向矩阵，使其 12 个参数显示机床原点的几何属性的局部（转换）坐标系。

4.1.12 坐标系

"坐标系"选项卡可实现从一个坐标系到另一个坐标系间的移动。单击从什么坐标系到什么坐标系，再单击"移动"即可实现移动。

4.1.13 镜像

"镜像"选项卡即选择模型后，可沿自身坐标系进行镜像。在下拉菜单中可以选择沿 YZ、ZX、XY 平面进行镜像，如图 4-25 所示。

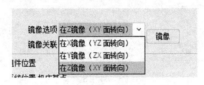

图 4-25

4.2 多工位仿真

在 VERICUT 里想实现工件调头定位、工件翻面或换机床进行多工位的仿真加工，就需要在 VERICUT 中设置多工位，并对零件进行移动。在 VERICUT 里可以在一个项目中实现任意机床的组合加工，如：一序为车削、二序为铣削、三序为线切割、四序为磨削的仿真过程。

4.2.1 工位

在"项目"菜单下，有一栏专门用于工位调整的功能，如图 4-26 所示。

1）增加新工位：即增加一个新的工位栏，如图 4-27 所示，该工位栏中需要添加相应的机床、坐标系、G-代码偏置、加工刀具、数控程序以及工件在当前工位的位置。

图 4-26

图 4-27

2）删除当前工位：点选工位，删除当前工位的所有选项。

3）输入工位：可输入读者已经定义好的工位，如图 4-28 所示。

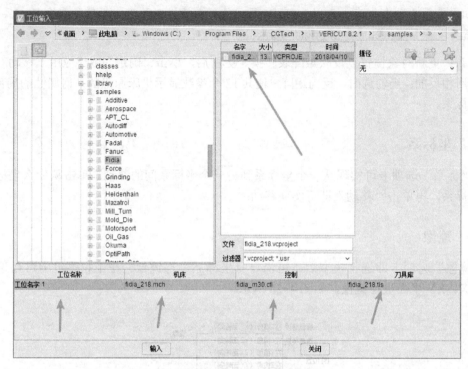

图　4-28

4.2.2　打开官方案例进行多工位练习

1）打开 X:\Program Files\CGTech\VERICUT 8.2.1\samples\Fanuc\fanuc_chamfer_corner.vcproject，单击播放按钮 完成第一工位仿真，如图 4-29 所示。

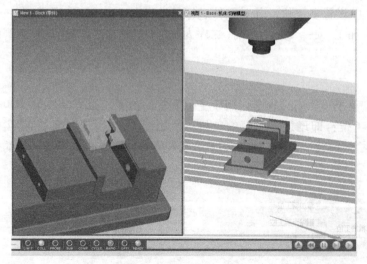

图　4-29

模型位置配置与多工位仿真

2）单击"增加新工位"，如图 4-30 所示。

图　4-30

3）单击单步运行按钮🔲，此时毛坯自动转到第二工位，如图 4-31 所示。

4）对毛坯重新定位后，单击"保存毛坯的转变"，即可完成第二工位的操作，如图 4-32 所示。

图　4-31

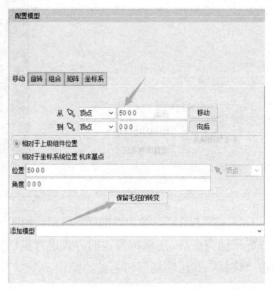

图　4-32

5）输入翻面程序后，单击播放🔘按钮即可完成全部的仿真。这里要注意的是：在完成第一工位的仿真后会自动停下来，这是因为软件默认选择了在各工位的结束处停止，可以右击播放🔘按钮完成所需要的选择，如图 4-33 所示。

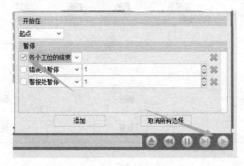

图　4-33

4.2.3 功能

"功能"菜单中包含了手工数据输入、剖面、删除分开的毛坯、加载所有毛坯等功能，如图 4-34 所示。可以继续打开官方案例：X:\Program Files\CGTech\VERICUT 8.2.1\samples\Fanuc\fanuc_chamfer_corner.vcproject 进行学习。

1）单击播放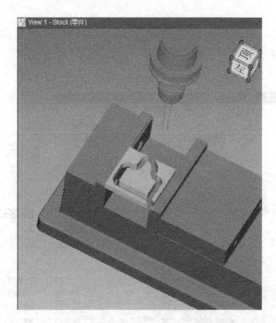按钮，完成该项目的仿真，如图 4-35 所示。

图 4-34

图 4-35

2）单击"剖面"，弹出"剖面"窗口，如图 4-36 所示，勾选"在鼠标选择的位置剖切"，选择好平面类型后，用鼠标拖拽的方式进行剖切操作，单击"添加"可添加另一个剖面的操作，单击"恢复"即可恢复剖切之前的操作。

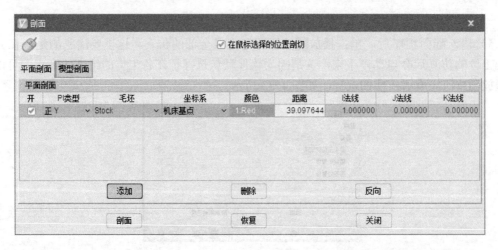

图 4-36

"PI 类型"选择"正 X" ，即可沿着 X 方向用鼠标拖拽剖切，或选择其他

平面类型，或输入相应的距离进行剖切。剖切颜色也可以进行相应的修改，如图 4-37 所示。

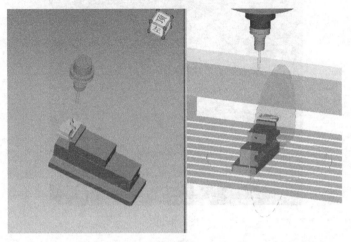

图 4-37

3）单击 删除分开的毛坯 ，弹出"删除分开的毛坯"窗口，在工件上选择需要删除或者保留的零件图素，单击"删除"或者"保留"即可完成操作，如图 4-38 所示。

图 4-38

4）单击"删除"之后的结果如图4-39所示。

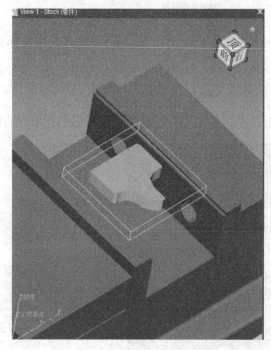

图 4-39

5）单击"加载所有毛坯"，恢复之前被删除的操作，如图4-40所示。

图 4-40

6）手工数据输入：在第2章中已经介绍了使用手工数据输入功能进行一些调试工作，该功能可直接使用滑块拖动或者输入数值或者输入程序进行相应的轴移动，在"移动到选择位置"选项中，有七项功能可以使主轴快速定位到想要的位置，分别为选择点、选择顶点⟍、选择圆弧⟍、选择模型原点⟍、选择坐标系原点⟍、选择组件原点⟍、选择下个边的平面▦，如图 4-41 所示。

图　4-41

本 章 小 结

本章主要讲解了模型移动与组合和"项目"菜单中一些常规功能的应用以及多工位仿真，在二维码下载链接的第 4 章中也提供了相应的案例供读者参考。

第5章

VERICUT 的分析与测量

5.1 分析

　　"分析"菜单中包含了比较测定、自动－比较、数控程序复查、进行语法检查、数控程序预览功能，如图5-1所示。

图　5-1

5.1.1 比较测定

1. 比较测定的功能

　　比较测定可用于测量部分特征的距离和角度关系，就像用光学比较器一样。单击"比较测定"按钮，打开"比较测定"窗口，可以选择包含二维图形的 DXF 文件，表示设计模型可以覆盖在"毛坯模型"或"剪切"毛坯上，或在工件或机器视图上覆盖特征或矩形网格，以模拟光学比较仪功能，如图5-2所示。

　　"比较测定"窗口中有一些网格比较图标，这些网格可以在任何视图中显示，但一次只能显示在一个视图中；网格显示在活动视图中；网格与屏幕平行显示，其中心（0，0）位置与工件视图的附加组件和机床视图的机床原点的来源有关。

　　只要"比较测定"窗口打开，就会显示网格。关闭"比较测定"窗口，可从显示中删除网格。

图　5-2

2. 比较测定的应用

1）打开 X:\ProgramFiles\CGTech\VERICUT8.2.1\samples\Haas\haas_vf2_tr160_sample.vcproject。

2）右击任意视图窗口，添加零件视图，并在视图中选择单一窗口，如图 5-3 所示。

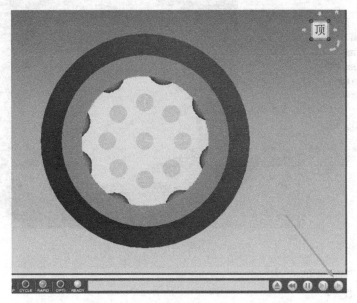

图 5-3

3）打开"比较测定"窗口，"半径"输入 35，"较大的角间距"输入 45，"捕捉中心点"输入 0、0、0，如图 5-4 所示，可以看到孔的夹角为 45°。

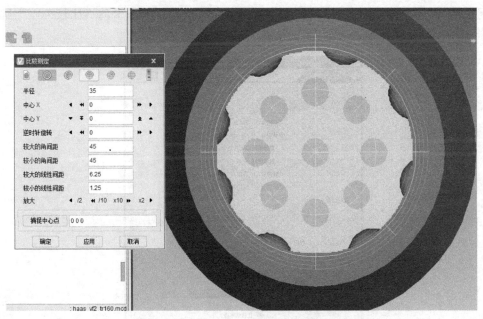

图 5-4

4）在"逆时针旋转"中输入 30，可得知外部月牙槽角度位置，如图 5-5 所示。

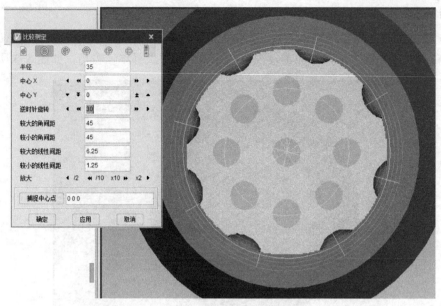

图 5-5

5.1.2 自动－比较

自动－比较功能可以控制自动差异比较，以及所看到的结果。可以比较四种类型的设计数据与自动差异：实体模型、表面数据、检查点和轮廓。比较模式控制比较设计数据的类型，而比较类型决定检查的错误条件。"比较公差"功能设置检查公差和显示颜色，用于识别过切/残留误差。根据比较模式设置不同，"设定"选项卡的"比较公差"部分的外观将有所不同，如图 5-6 所示。

图 5-6

1）打开：X:\ProgramFiles\CGTech\VERICUT8.2.1\samples\Autodiff\compressor_blade.vcproject。

单击播放 ⏵ 按钮仿真到末端，单击"自动 – 比较"，弹出"自动 – 比较"窗口，去掉"显示毛坯"与"显示设计"勾选，残留显示为蓝色，单击"比较"，如图 5-7 所示。

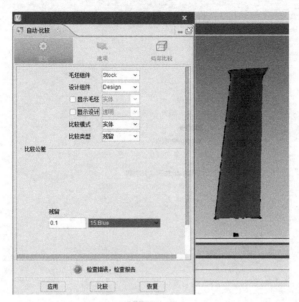

图　5-7

继续打开：X:\ProgramFiles\CGTech\VERICUT8.2.1\samples\Autodiff\piston_mold.vcproject。

单击播放 ⏵ 按钮仿真到末端，单击"自动 – 比较"，弹出"自动 – 比较"窗口，勾选"显示设计"，选择"透明"，添加过切范围和过切颜色，添加残留范围和颜色，单击"比较"，如图 5-8 所示。

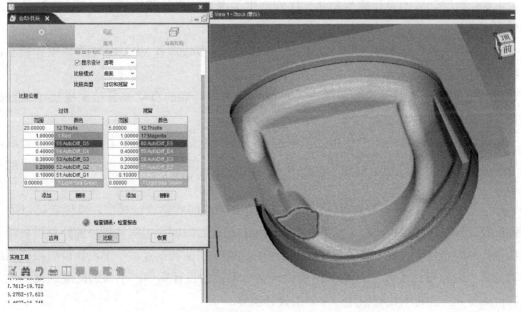

图　5-8

2）单击"选项"选项卡，如图 5-9 所示。图中参数说明如下：

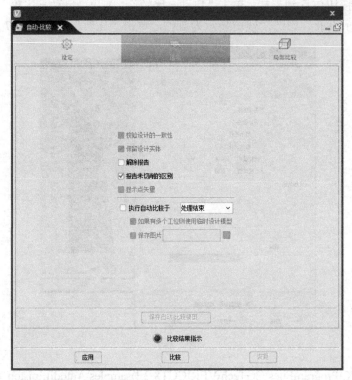

图　5-9

①校验设计的一致性：在实体比较中选择时，检查实体设计模型的一致性，包括检查密封性实体并修复不适当的表面（重叠和间隙），以及重建不重要的缺失表面。对于通过导入 IGES 数据创建的设计模型和通过比较产生不满意结果的其他模型文件，建议使用此选项。

在"配置文件"比较中选择时，从 stl、VERICUT 多边形或 VERICUT 实体设计模型构建配置文件时，设计一致性检查是适用的。

虽然验证设计模型一致性需要一段时间，但它为可靠的自动差异结果提供了最好的保证。

如果以前在 VERICUT 中使用过该模型，并且知道实体质量足够好，则可以通过取消勾选此复选框来节省时间，自动比较需要的时间较少，但如果实体不密封，则结果可能不可靠。

②保留设计实体：当勾选时，保留由 Autodiff 创建的实体设计模型，以便它可以用于其他比较。如果进行多次比较，此操作可以减少自动比较时间，但需要额外的计算机资源来保持设计的固定性。设计实体被保留，直到 VERICUT 模型被重置，一个设计模型被删除或取消勾选"保留设计实体"。保存 IP 文件还包含保留的设计实体。不勾选此复选框，使之具有自动差异，为每个比较创建一个新的设计实体。

③解除报告：能够关闭自动差异报表功能，以减少自动差异处理时间。若要生成报告，

处理器必须搜索所有 VERICUT 记录，并列出每个错误。这可能需要大量的时间来处理大型的 NC 程序文件。当被勾选时，仍将在图形区域中看到自动差异结果。只有当比较方法被设置为实心、表面或轮廓时，解除报告才是激活的。

④报告未切削的区别：勾选时，设计和未切削区域之间的差异被添加到自动差异报告中。默认情况下自动选择功能。

⑤显示点矢量：显示与"点"比较法的每个点相关联的测量向量。无论自动差异比较是否有效，都会绘制向量。

⑥执行自动比较于：在"每个工位的结束"或"处理结束"的背景中运行自动差异。

⑦保存自动比较模型：用于将过切或欠切的数据保存为 VERICUT 实体模型文件（.vct）。单击"保存自动比较模型"，显示输入模式窗口，能够为模型文件指定文件夹路径和文件名。如果同时存在碰撞模型和过切模型，则将创建两个文件（gouge_filename.vct 和 overly_filename.vct，其中文件名是在"保存自动差异模型"窗口中输入的文件名。

只有在下列所有内容都为真（否则为灰色）时，才可使用此选项：

a）标准切割模式是激活的（不是快速铣削）。

b）经常检查被关闭。

c）Auto_Diff 比较方法设置为实体（Solid）或剖面（Profile）。

d）自动差异比较已经处理完毕。

3）局部比较：勾选"开"，可用鼠标框选零件视图中的区域来进行局部比较。如果勾选"改进切削模型公差"，则公差越小计算速度越慢。也可以调整区域来选择所需要的坐标或者框选区域来进行局部比较。如果选择"合适于内存"，则根据可用内存自动调整区域框的大小。在分析内存时会出现较短的延迟，如图 5-10 所示。

图　5-10

5.2 测量

在欢迎界面中选择测量练习：X:\Program Files\CGTech\VERICUT 8.2.1\training\mill_session_day1.vcproject。

在顶部菜单栏选择"测量"，可以看到图 5-11 所示的所有选项。部分选项功能说明如下：

图 5-11

（1）特征 / 记录 可用鼠标直接点取的测量功能，在"标签设置"窗口选择"标签设置"，如图 5-12 所示。支持平面、圆柱、圆锥、球体、圆环面、圆环扫掠、规则曲面等多种特征记录功能。

图 5-12

1）单击"圆柱"，选择"直径"，点选孔壁则显示孔的直径。单击"删除标签"，即可删除显示直径框，如图 5-13 所示。

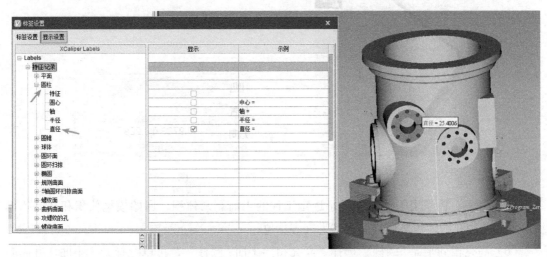

图 5-13

2）单击显示攻螺纹的孔，显示螺纹直径、螺距等信息，如图 5-14 所示。

（2）模型厚度　模型厚度用于测量实体毛坯厚度，单击所需要测量的毛坯平面即可显示出毛坯的厚度尺寸，如图 5-15 所示。

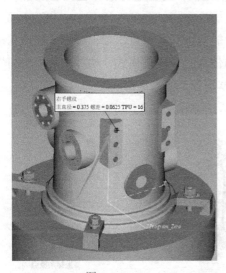

图 5-14

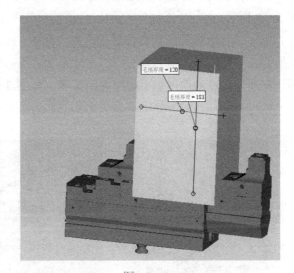

图 5-15

（3）空间距离　该按钮用于测量两个实体表面之间的间隙。选择"空间距离"，然后单击视图窗口中的表面来测量。这就形成了一条测量线。开始点用加号表示，中间点用圆圈表示，终点用菱形表示，如图 5-16 所示。

（4）最近点　最近点用于测量从指定 X、Y、Z 点位置到模型表面上最近点的最短距离。单击"最近点"，将从点的 X、Y、Z 坐标输入文本字段中。不能通过图形化选择位置来指定最近的从位置，如图 5-17 所示。

图 5-16 图 5-17

（5）体积 体积用于计算并显示选定工件的当前剩余体积、原始模型体积和从原始模型中删除的物料的体积。所有体积均为立方单位。

（6）高亮相同平面/圆柱 选择"高亮相同平面/圆柱"，可以选择一个平面，并高亮显示所有剖切之后的面；还可以选择一个圆柱体，并突出显示所有在指定公差范围内具有相同半径的圆柱体。

选择"亮显相同平面/圆柱"，然后在"工件视图"窗口中选择加工后的工件上的任何平面或圆柱体。平面或圆柱体以及任何相关平面或圆柱体将以选择的颜色突出显示，如图 5-18 所示。

（7）从什么位置到什么位置的距离/角度 该功能支持平面、点、轴、棱边、顶点、模型原点、组件原点、坐标系原点、坐标系轴、圆心的任意组合测量模式，如单击从"平面"到"平面"，可测量出想要的平面距离等，如图 5-19 所示。

选择前

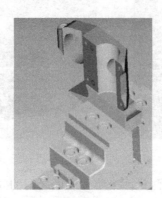

选择后

图 5-18

图 5-19

（8）残留高度 残留高度用于测量由两个平行相交圆柱形成的残留高度。在形成残留的 VERICUT 模型上选择两个平行和相交的圆柱，VERICUT 通过在模型上显示相交圆来识别正在测量的圆柱体，如图 5-20 和图 5-21 所示。

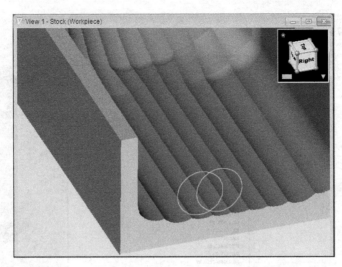

图　5-20

注意：

被加工的特征只能在工件视图中测量。

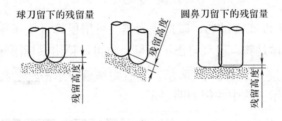

图　5-21

在"VERICUT 日志器"窗口也可以看到残留高度，如图 5-22 所示。

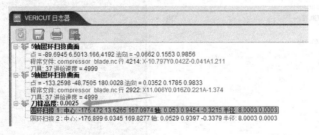

图　5-22

5.3　数控程序复查刀路轨迹

1）打开 C:\ProgramFiles\CGTech\VERICUT8.2.1\samples\3_axis_vmill_primitives.vcproject，在"分析"菜单中单击"数控程序预览"，并在"配置工位"中勾选"扫描数控程序文件"。在"数控程序复查"窗口中选择"显示刀轨"为"开"，如图 5-23 所示。

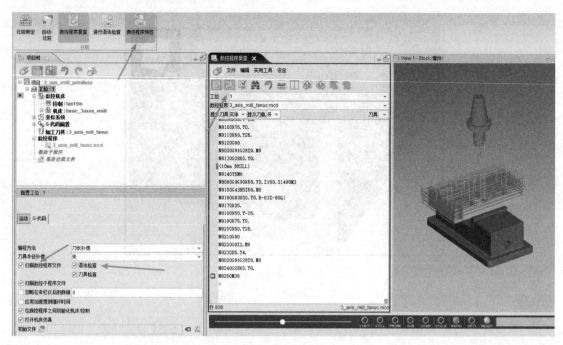

图 5-23

2）如果程序发生干涉或者过切、碰撞等问题，可用鼠标直接在零件视图中单击需要查看的刀路位置，查看具体是哪一段代码出了问题。也可以使用鼠标滚轮对准程序代码向前或者向后查看当前刀具轨迹，如图 5-24 所示。查看完毕后，单击 按钮，关闭刀路显示和程序复查，也可以在显示刀轨中关闭刀路显示。

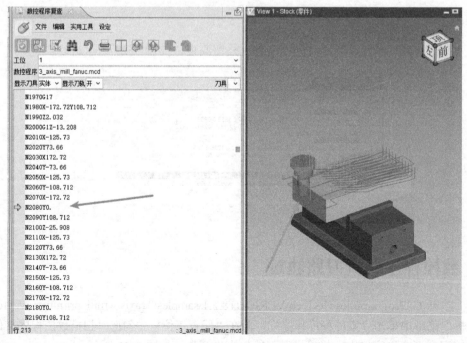

图 5-24

3）在程序复查按钮被按下的状态下，可以使用定位错误代码按钮快速找出错误的 NC 代码段，向上或者向下查找错误程序段，如图 5-25 所示。

4）"设定"选项卡功能中的设定起点、设定当前、设定终点、显示到框里等（图 5-26）可以显示部分刀路轨迹，如图 5-27 所示。

图 5-25

图 5-26

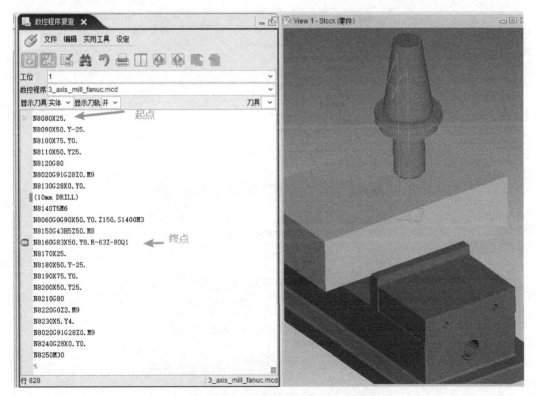

图 5-27

5）单击 NC 代码前的空白处，数控程序仿真到当前位置停止，如图 5-28 所示。

图 5-28

5.4 语法检查

语法检查功能可以检查编写的 NC 代码程序是否存在格式上的错误。

1）在检查之前应当在工位 1 处设置好以下选项：勾选"语法检查""刀具检查""扫描数控子程序文件"等功能选项，如图 5-29 所示。

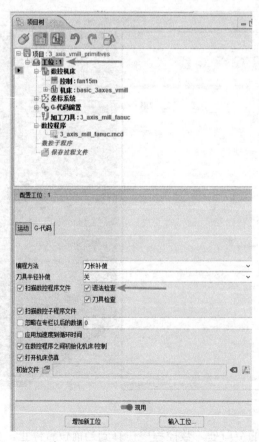

图 5-29

2）在"字格式"窗口中选择"语法检查"选项卡，并勾选全部选项，如图 5-30 所示。

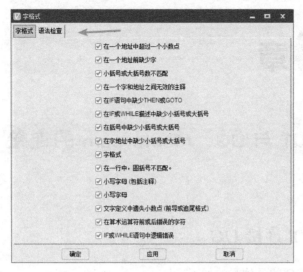

图　5-30

3）在"数控程序"窗口单击数控程序语法检查按钮，故意在程序中输入几行错误代码 G12121 和 Z2..54。单击"检查到结尾"，可自动搜索出符合错误格式的代码段，如图 5-31 所示。

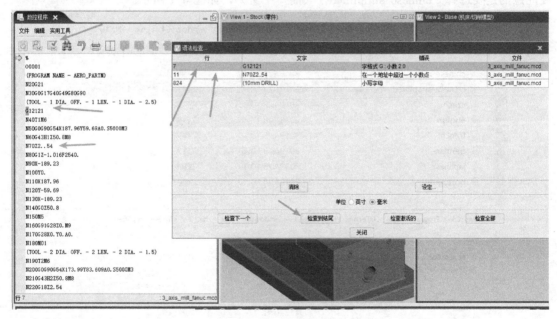

图　5-31

本 章 小 结

本章主要讲解了 VERICUT 中测量的几种方法与功能，旨在让读者验证程序加工出的工件是否与设计之初吻合，借助数控程序复查和语法检查功能来检查数控程序是否正确。

第 6 章

VERICUT 与 UG、Mastercam 的连接

6.1 VERICUT 连接 UG

VERICUT 连接 UG 的具体方法如下：

1）复制安装目录 X:\ProgramFiles\CGTech\VERICUT8.2.1\windows64\nx\NX×.×\application\，其中 ×.× 代表版本号，X 代表 UG 的安装盘符，如果是 10.0，那么就是 UG NX 10.0。这里要注意的是要选择 "chinese_simplified"（简体中文），如图 6-1 所示。

此电脑 > Windows (C:) > Program Files > CGTech > VERICUT 8.2.1 > windows64 > nx > NX10			
名称	修改日期	类型	大小
chinese	2019/6/8 10:40	文件夹	
chinese_simplified ←	2019/10/27 13:25	文件夹	
czech	2019/6/8 10:40	文件夹	
english	2019/6/8 10:40	文件夹	
french	2019/6/8 10:40	文件夹	
german	2019/6/8 10:40	文件夹	
japanese	2019/6/8 10:40	文件夹	
portuguese	2019/6/8 10:40	文件夹	

« Windows (C:) > Program Files > CGTech > VERICUT 8.2.1 > windows64 > nx > NX10 > chinese_simplified			
名称	修改日期	类型	大小
application	2019/6/8 10:40	文件夹	
startup	2019/6/8 10:40	文件夹	

图 6-1

2）粘贴至目录 X:\Program Files\UGS\NX ×.×\UGALLIANCE\vendor\application\ 下。

3）复制以下目录（以 UG NX10.0 为例）：C:\Program Files\CGTech\VERICUT 8.2.1\windows64\nx\NX10\chinese_simplified\startup。

4）粘贴至目录 X:\Program Files\UGS\NX ×.×\UGALLIANCE\vendor \startup\ 下。

5）编辑文件 C:\Program Files\UGS\NX ×.×\UGII\ugii_env.dat，用记事本打开该文件，在最下面一行添加 UGII_VENDOR_DIR=${UGALLIANCE_DIR}vendor。

6）添加环境变量，右击"计算机"，选择"属性"，如图 6-2 所示。
7）选择"高级系统设置"，如图 6-3 所示。

图 6-2   图 6-3

8）单击"高级"选项中的"环境变量"。可以看到图 6-4 中的环境变量有两个选项。其中：

① 用户变量：用户变量只对当前用户起作用。这个用户里的环境变量在登录的用户中可以使用，换一个计算机用户名，这个环境变量就不存在了。

② 系统变量：对本台计算机所有用户起作用。这个系统里的环境变量，不管换几个用户名，只要是同一台计算机，可以根据需求选择是"用户变量"还是"系统变量"。

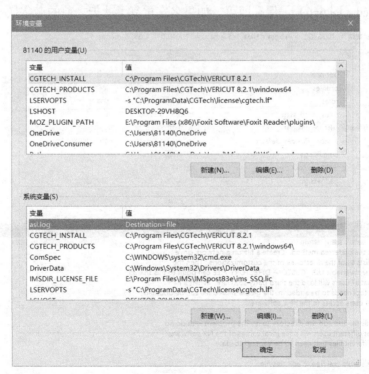

图 6-4

9）新建变量。
① 变量名：CGTECH_INSTALL。
32 位参考值：X:\Program Files\CGTech\VERICUT 7.2.1。

64 位参考值：X:\Program Files\CGTech\VERICUT 7.2.1。

② 变量名：CGTECH_PRODUCTS。

32 位参考值：X:\Program Files\CGTech\VERICUT 7.2.1\windows。

64 位参考值：X:\Program Files\CGTech\VERICUT 7.2.1\windows64。

③ 变量名：LSERVOPTS。

32 位参考值：−s "C:\ProgramData\CGTech\license\cgtech.lf"。

64 位参考值：−s "C:\ProgramData\CGTech\license\cgtech.lf"。

④ 变量名：UGII_VENDOR_DIR。

32 位参考值：X:\Program Files\CGTech\VERICUT 7.2.1\windows\nx\NX8.5\chinese。

64 位参考值：X:\Program Files\CGTech\VERICUT 7.2.1\windows64\nx\NX8.5\chinese。

⑤ 变量名：LSHOST。

值：右击此电脑🖥按钮，选择"属性"→"高级系统设置"→"计算机名"。

其他版本的连接方法也是一样的，变量名不变，把变量值的最终指定文件夹的地址对应即可。

10）如果以上环境变量名都被占用或者打开 UG 后工具条中没有看到 VERICUT 图标，证明 VERICUT 还没有挂到 UG 中。可以按照如下方法解决：首先找到 UG 版本安装路径，找到"UGII"文件夹和"menus"文件夹，用记事本打开"custom_dirs.dat"文件，如图 6-5 所示。在文本最后一段中添加 C:\Program Files\CGTech\VERICUT 8.2.1\windows64\nx\NX10\chinese_simplified（图 6-6），保存即可。如果名字重复了就把之前的名字换一个就好。

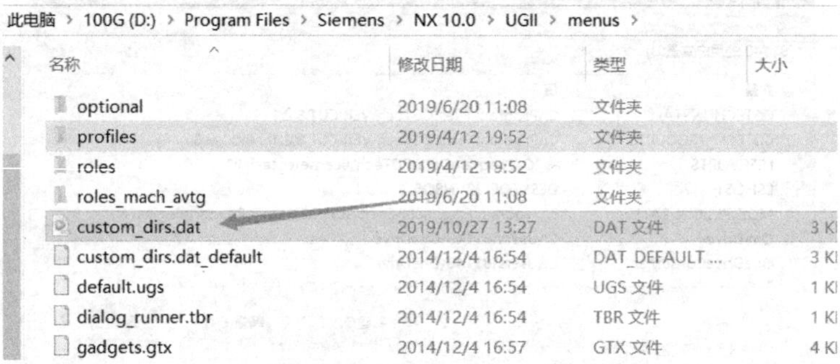

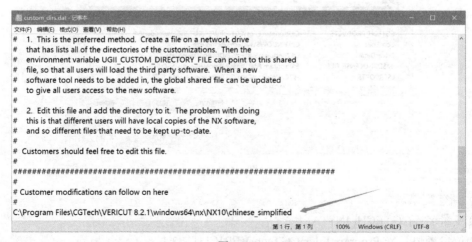

图　6-5

图　6-6

11）打开 UG 软件，找到编好程序的图档，进入加工模块，可以看到 VERICUT 已经挂到 UG 中了。单击"VERICUT"按钮进入，如图 6-7 所示。

图　6-7

12）连接好之后，打开 VERICUT 接口窗口，如图 6-8 所示。

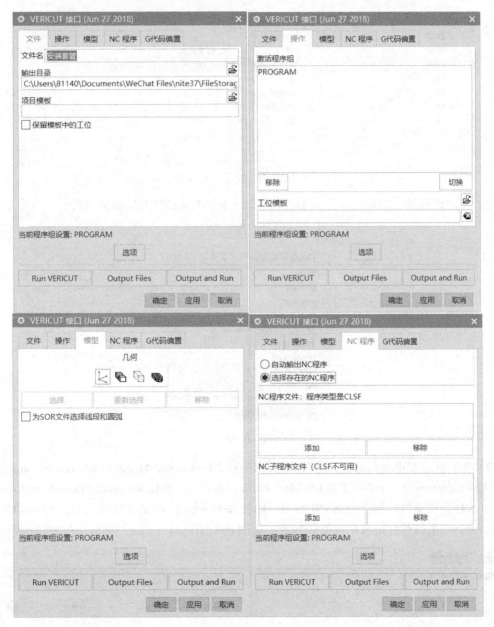

图　6-8

6.2 VERICUT 连接 Mastercam

VERICUT 连接 Mastercam 的具体方法如下：

1）打开 C:\Program Files\CGTech\VERICUT 8.2.1\windows64\mcamv 目录，如图 6-9 所示，可以看到各个版本，以 Mastercam 2019 为例进行设置，其他版本设置方法相同。

> 注意：
>
> 安装 VERICUT 时需先设置与 Mastercam 的连接，再通过文中的方法进行设置。

图 6-9

2）复制该目录下的所有文件至 D:\Program Files\Mcam2019\chooks，如图 6-10 所示。

图 6-10

3）复制目录 C:\ProgramFiles\CGTech\VERICUT8.2.1\windows64\mcamv\2019\chinese_simplified\ 下的文件 mcres.local（简体中文包）至 Mastercam 安装目录，如 D:\Program Files\Mcam2019 下，用记事本打开该文件，另存为 ANSI 编码，如图 6-11 所示。如果以默认的 UTF-8 编码保存，在 Mastercam 里打开会造成中文乱码问题，如图 6-12 所示。

文件名(N):	mcres.local			
保存类型(T):	文本文档(*.txt)			
文件夹		编码(E): ANSI	保存(S)	取消

图 6-11

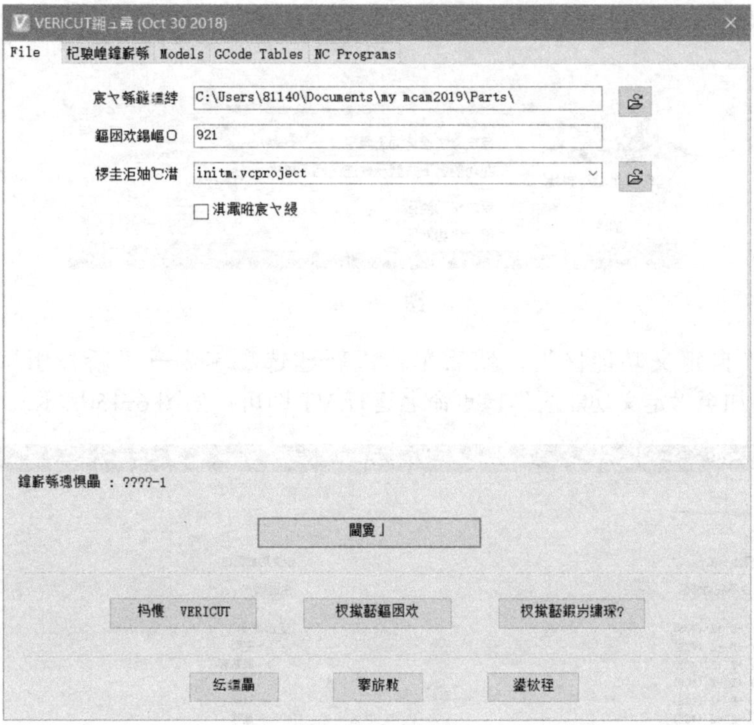

图 6-12

正确的窗口如图 6-13 所示。

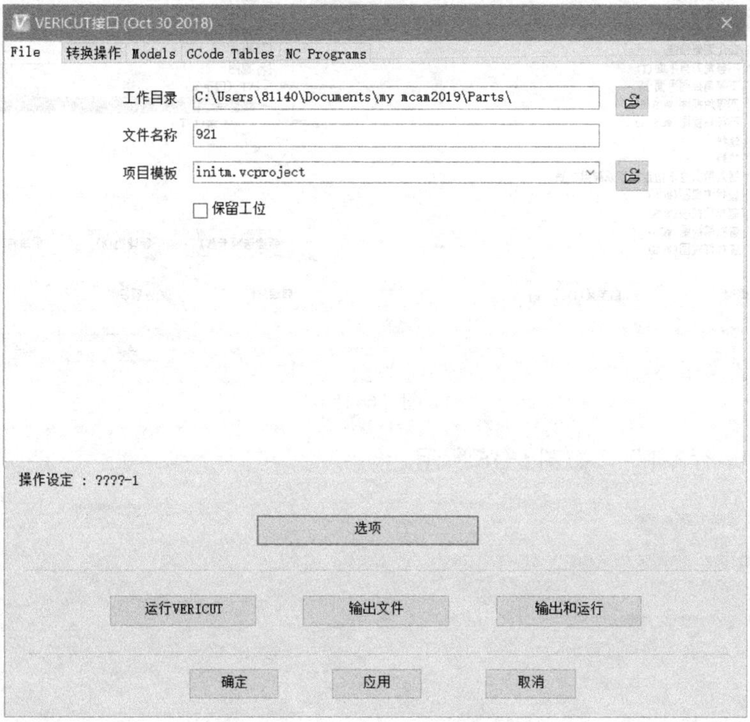

图 6-13

4）启动 Mastercam 2019，右击空白处，单击"自定义快速访问工具栏 ..."，如图 6-14
所示。

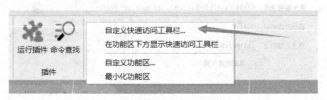

图　6-14

5）单击"自定义功能区"，然后单击"新建选项卡"→"新建组"，选择"Run
VERICUT"添加至"定义功能区"，重命名运行 VT 即可，如图 6-15 所示。

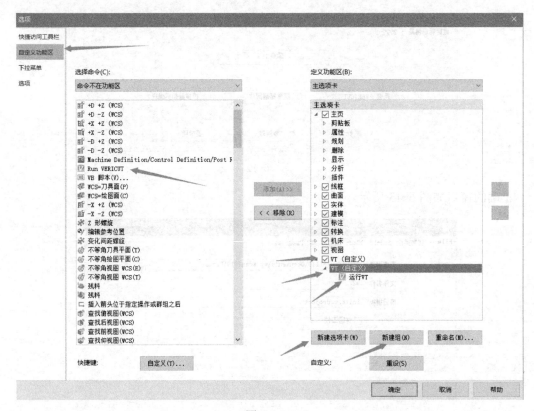

图　6-15

6）单击"运行 VT"，如图 6-16 所示。

图　6-16

7）添加项目模板（机床模板），如图 6-17 所示。

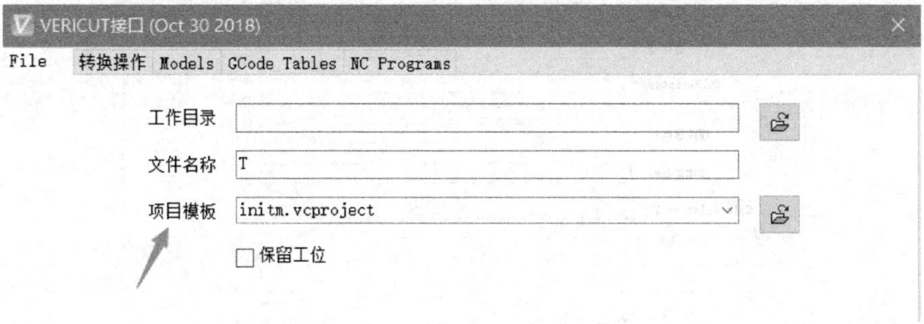

图　6-17

8）添加毛坯，如图 6-18 所示。

图　6-18

9）添加 G 代码偏置，如图 6-19 所示。

10）添加程序，单击"输出和运行"即可在 VERICUT 中运行仿真，如图 6-20 所示。

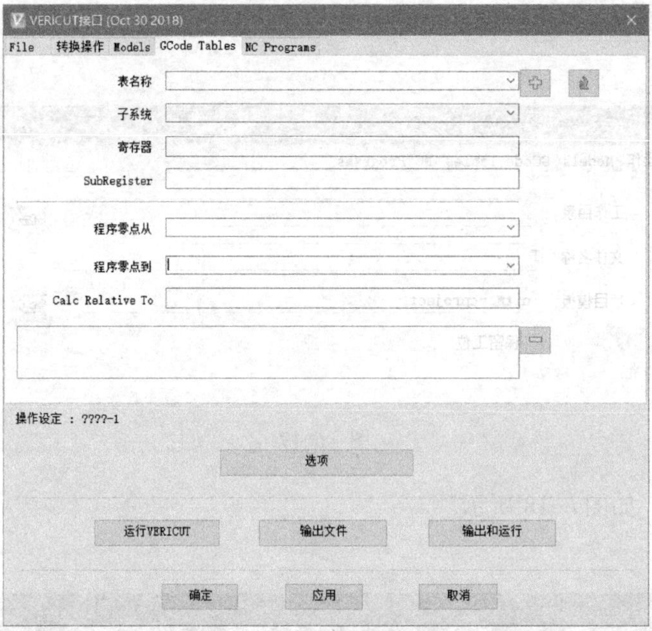

图 6-19

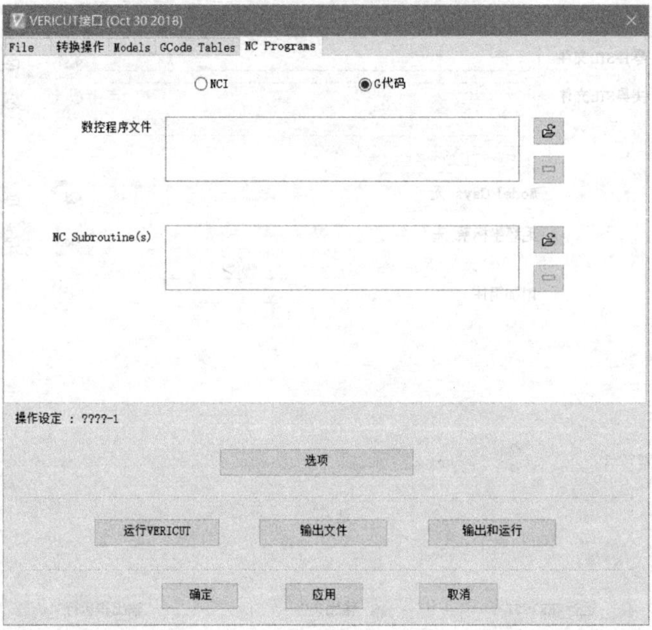

图 6-20

本 章 小 结

　　本章主要讲解了 VERICUT 连接其他厂商的 CAD/CAM 软件，VERICUT 中支持的软件有 CAMWorks、CATIAV5、CATIAV6、EdgeCAM、ESPRIT、GibbsCam、Mastercam、UG NX、Pro/E、SolidWorks、SURFCAM。

第7章

三轴数控铣床、四轴加工中心的搭建与仿真应用

在三轴数控铣床与四轴加工中心的仿真中，一般按照下列步骤进行仿真设置：
1）配置机床结构。
2）配置数控系统控制器。
3）添加夹具、毛坯。
4）设置刀具、刀具号、长度补偿、半径补偿。
5）设置偏置方法。
6）添加数控程序（主程序、子程序）。
7）进行仿真过程监控。

因机床结构的配置方法在前几章中已经介绍过，本章就不再单独讲解三轴机床的搭建过程，也可以直接拿官方已经配置好的控制系统来进行配对，其使用的夹具可以根据自己的仿真需求进行绘制。本章主要对长度补偿、半径补偿、G 代码偏置（对刀）以及旋转轴的配置进行详细讲解。

7.1　三轴数控铣床的结构

打开案例：C:\ProgramFiles\CGTech\VERICUT8.2.1\samples\3_axis_vmill_primitives.vcproject。三轴数控铣床的组件有床身底座、底座上安装的 Y 轴、Y 轴上安装的 X 轴，其 Z 轴安装在立柱上。其结构树如图 7-1 所示，组合好的模型如图 7-2 所示。

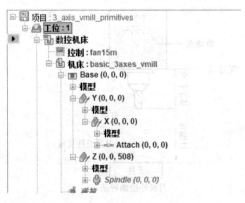

图　7-1

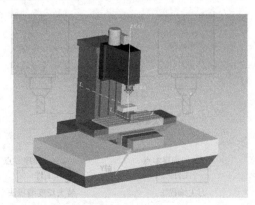

图　7-2

7.2 长度补偿的应用

VERICUT 中提供了刀尖、装夹长度、刀长补偿三种编程方法来使用长度补偿，如图 7-3 所示。

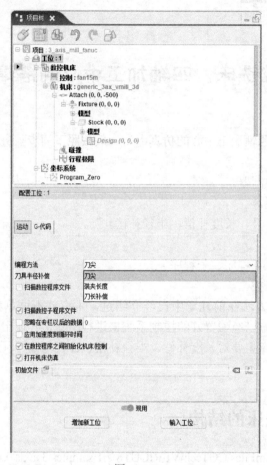

图 7-3

三种编程方法以图 7-4 所示来讲述。

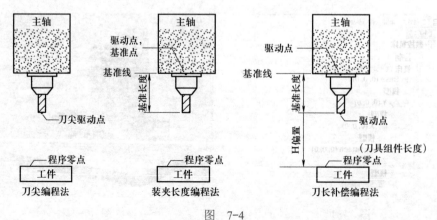

图 7-4

1）刀尖：程序中不使用 G43 时可以使用该方法，例如

M6T01

G54X0Y0Z0

这时刀具可以移动到工件零点，如图 7-5 所示。

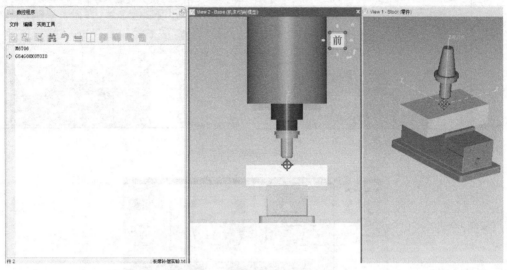

图 7-5

2）装夹长度：如果程序中使用 G43 H 长度补偿指令，那么就必须使用该方法，如图 7-6 所示。这种方法常常用于带刀库的加工中心对刀，也可以用于没有刀库的三轴数控铣床，操作者只需使用一把基准刀，其他的刀具装上之后，找出基准刀的相对长度即可。这样可以加快操作者的对刀时间，省去了重复对刀的麻烦。

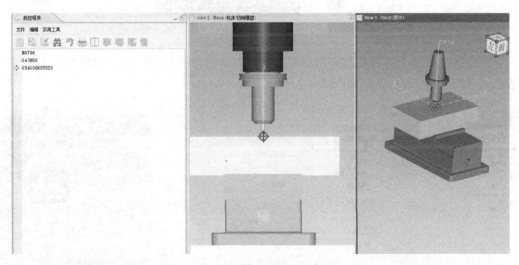

图 7-6

3）刀长补偿：该方法一般应用于多轴加工中心对刀。因为多轴加工中心具有 RTCP 功能，主要目的是为了使主轴端面与工件零点重合，调用刀具时再加上刀具长度即可。图 7-7 所示显示了刀具驱动点在主轴端面上，图 7-8 所示显示了刀具驱动点在刀具底部，图 7-9 所示显示了由刀具偏置到达工件零点位置。

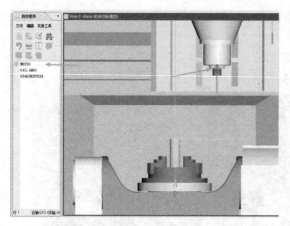
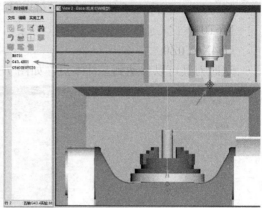

图 7-7 图 7-8

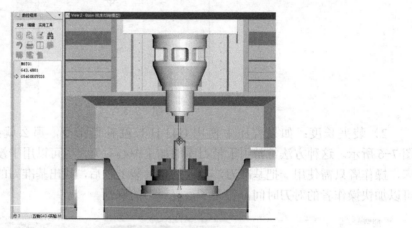

图 7-9

4）对刀点：要想刀具补偿起作用还需要设置刀具的刀位点（在 VERICUT 中叫对刀点），一般在刀具的底部中心位置，如图 7-10 所示。

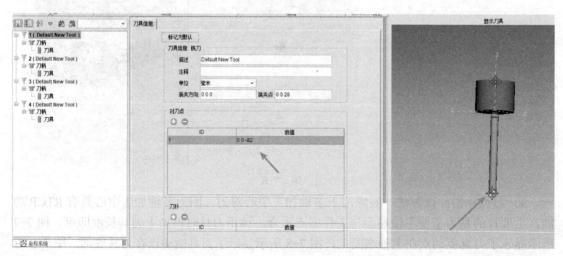

图 7-10

7.3 刀具半径补偿的应用

要使用 G41 和 G42 功能，必须具备以下条件：

1）程序中必须有 G41 或 G42，例如：

N110 G0 G17 G40 G49 G80 G90

N120 T2M6

N130 G0 G90 G54 X5. Y-35. A0. S3000 M3

N140 G43 H2 Z25.

N150 Z10.

N160 G1 Z-10. F600.

N170 G41 D2Y-30. F120.

N180 G3 X0. Y-25. R5.

N190 G1 X-25.

N200 Y25.

N210 X25.

N220 Y-25.

N230 X0.

N240 G3 X-5. Y-30. R5.

N250 G1 G40 Y-35.

N260 G0 Z25.

N270 M5

N280 G91 G28 Z0.

N290 G28 X0. Y0.

N300 M30

可以利用程序复查功能看到实际刀路，如图 7-11 所示。

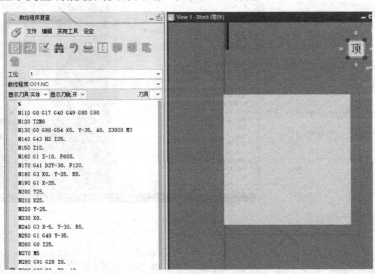

图 7-11

2）刀具管理器窗口中必须在刀补中设置正确的对刀点和刀补点，这里刀具号为 2，那么对刀点和刀补 ID 都必须为 2，数值为刀具半径，如图 7-12 所示。

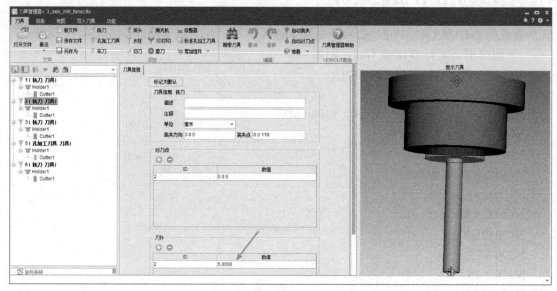

图 7-12

3）借助"切削补偿草图"功能观看补偿之前和补偿之后的刀具轨迹，如图 7-13 所示。

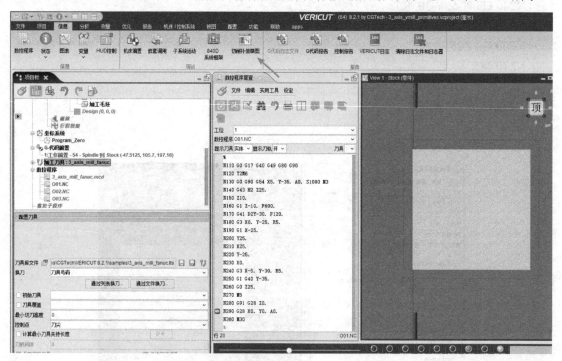

图 7-13

注意：

该功能必须先仿真完毕之后得到数据，然后单击 ▣ 按钮另存为数据，然后单击 ▣ 按钮打开刀具补偿数据文件，如 cutcom_debug01.sketch，既可以看到补偿之前又可以看到补偿之后的刀路，如图 7-14 所示。

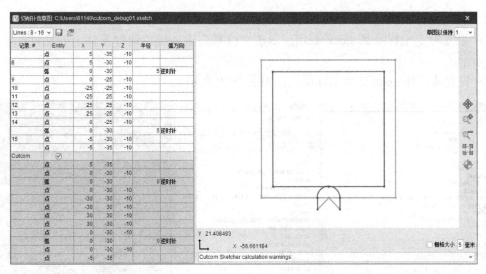

图 7-14

7.4 三轴对刀

VERICUT 里的对刀称为 G- 代码偏置。

1）使用 G54 工作偏置，从主轴到毛坯的偏置
方法设置如下：

① 在"寄存器"中输入 54，如图 7-15 所示。

② 在"配置 工作偏置"窗口中，选择从组件
主轴 Spindle，到组件毛坯 Stock，如图 7-16 所示。
单击"平移到位置"输入框，选择零件视图中毛坯
的中心点位置，如图 7-17 所示。

图 7-15

图 7-16

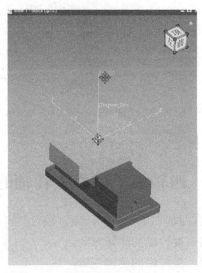

图 7-17

2）使用坐标系统中零点偏置的设置方法。

① 设置附上坐标系到 stock 毛坯，单击"位置"输入框，选择零件中心点位置，如图 7-18 所示。

② 设置从组件 Spindle 到坐标原点，如图 7-19 所示。

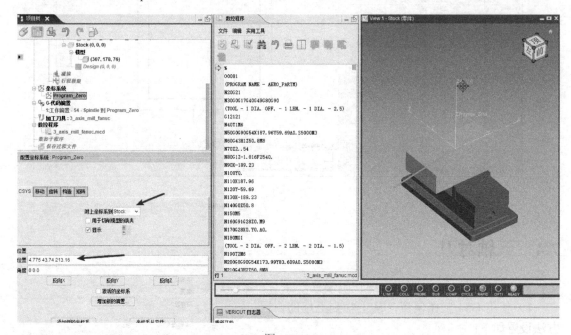

图　7-18

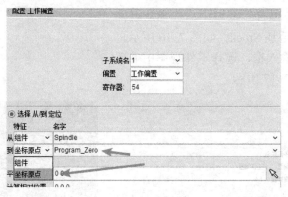

图　7-19

7.5　四轴加工中心旋转轴的旋转属性

在四轴加工中心中，旋转轴有其自己的旋转属性。

1）旋转轴的旋转方向。

2）旋转轴的旋转逻辑。

注意：

　　在 VERICUT 中设置旋转轴的旋转方向与旋转逻辑时，必须保证 CAM 软件的后处理、VERICUT 仿真同实际机床的旋转方向与旋转逻辑设置保持一致，才能保证 VERICUT 仿真的结果与机床加工出的结果相同。

7.5.1　旋转轴的旋转方向

　　在四轴加工中心中，旋转轴的旋转方向并不是像线性轴（X、Y、Z）一样为固定方向。它的旋转方向可以自由设定，如顺时针为正向或逆时针为正向。具体操作如下：

　　1）打开 VERICUT 8.2，打开二维码下载链接第 7 章模型中的 vcproject 文件。

　　2）单击显示机床组件🔧图标（显示机床的组件附属关系），依次展开 Base → Y → X → A，如图 7-20 所示。

　　3）在左下角的配置组件栏中，勾选"反向"，如图 7-21 所示。勾选"反向"后，旋转轴的旋转方向会与勾选前相反。

图　7-20

图　7-21

7.5.2　旋转轴的旋转逻辑

　　四轴加工中心中的旋转轴都有旋转轴逻辑，即同样的旋转指令、不同的旋转逻辑，旋转轴会有不同的旋转策略。具体操作如下：

　　1）单击"机床/控制系统"→"控制设定"→"旋转"，如图 7-22 所示。

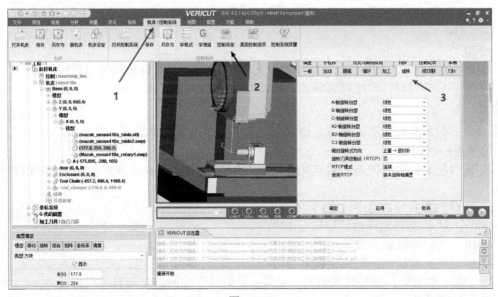

图　7-22

2）设置旋转轴旋转台型。根据自己的组件设置，如为 A 轴旋转轴组件，设置 A- 轴旋转台型即可，如图 7-23 所示。

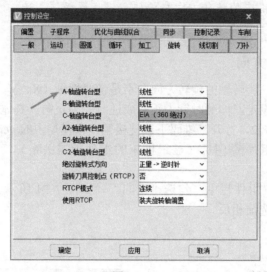

图 7-23

提示：

A 轴旋转轴绕 X 轴旋转，B 轴旋转轴绕 Y 轴旋转，C 轴旋转轴绕 Z 轴旋转。

① 线性：该旋转方式为增量旋转，即旋转角度为前一个角度至后一个角度的增量。旋转的方向是由后一个角度与前一个角度比较大小决定。如果后一个角度大于前一个角度，则旋转方向为正向，小于则为反向。如：

G00 A10

A370　　　; 旋转轴正向旋转 360°

A360　　　; 旋转轴反向旋转 10°

② EIA（360 绝对）：该旋转方式为绝对旋转，即每一个旋转角度都有一个固定的位置。如：

G00 A10

A370

系统判定 A370 与 A10 都在旋转轴角度为 10° 的地方，所以旋转轴不旋转。

3）设置旋转逻辑，即绝对旋转式方向，如图 7-24 所示。

注意：

当旋转轴旋转台型为线性时，绝对旋转式方向的设置无作用。

① 正量→逆时针：

a. 所有的旋转角度皆为它的绝对值。如 A-10° 与 A10° 旋转轴都会旋转至它们的绝对值 10°

b. 角度的正负号决定旋转方向。如：

G00 A10　　　; 旋转轴逆时针旋转至 10°

A-10　　　; 旋转轴不旋转

A-20　　　; 旋转轴顺时针旋转至 20°

② 正量→顺时针：该旋转逻辑与"正量→逆时针"相同，但旋转方向相反。

③ 总是逆时针：

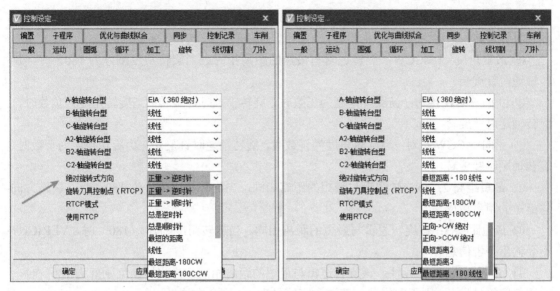

图 7-24

a. 旋转轴只会朝逆时针方向旋转。

b. 旋转角度的正负号代表正数与负数。如：

G00 A10 　 ；旋转轴逆时针旋转至 10°

A-10 　 　；旋转轴逆时针旋转至 -10°（350°）

A-20 　 　；旋转轴逆时针旋转至 -20°（340°）

④ 总是顺时针：该旋转逻辑与"总是逆时针"相同，旋转方向永远朝顺时针方向旋转。

⑤ 最短的距离：

a. 旋转轴始终朝最短的角度方向旋转。

b. 旋转角度的正负号代表正数和负数。

注意：

该旋转逻辑当旋转轴刚好旋转 180° 时，VERICUT 日志栏内会产生报警信息。

如：机床当前角度为 A0

G00 A10 　 ；旋转轴正向旋转 10°

A-10 　 　；旋转轴负向旋转 20°

A-20 　 　；旋转轴负向旋转 10°

⑥ 线性：该旋转方式为增量旋转，即旋转角度为前一个角度至后一个角度的增量。

a. 旋转的方向是由后一个角度与前一个角度比较大小决定。如果后一个角度大于前一个角度则旋转方向为正向，小于则为反向。

b. 旋转角度的正负号代表正数和负数。

如：

G00 A10

A370 　 　；旋转轴正向旋转 360°

A360 　 　；旋转轴反向旋转 10°

⑦ 最短角度 –180CW：旋转逻辑与最短的距离相同。当旋转角度刚好为 180° 时，旋转轴顺时针旋转。

⑧ 最短角度 –180CCW：旋转逻辑与最短的距离相同。当旋转角度刚好为 180° 时，旋转轴逆时针旋转。

⑨ 正向→CW 绝对：当旋转角度为正数时，旋转轴顺时针旋转；当旋转角度为负数时，旋转轴逆时针旋转。

⑩ 正向→CCW 绝对：当旋转角度为正数时，旋转轴逆时针旋转；当旋转角度为负数时，旋转轴顺时针旋转。

⑪ 最短距离 2：该旋转逻辑与最短的距离相同。当旋转角度刚好为 180° 时，旋转方向与最短的距离相反。

⑫ 最短距离 3：该旋转逻辑与最短的距离相同。当旋转角度刚好为 180° 时，VERICUT 不会输出警告信息。

⑬ 最短距离 –180 线性：该旋转逻辑与最短的距离相同。当旋转角度刚好为 180° 时，若该角度符号为 +，则正向旋转；若该角度符号为 –，则负向旋转。

7.5.3　四轴加工中心加工仿真应用

具体操作步骤如下：

1）打开 VERICUT 8.2，打开第 7 章模型中的 vcproject 文件，如图 7-25 所示。

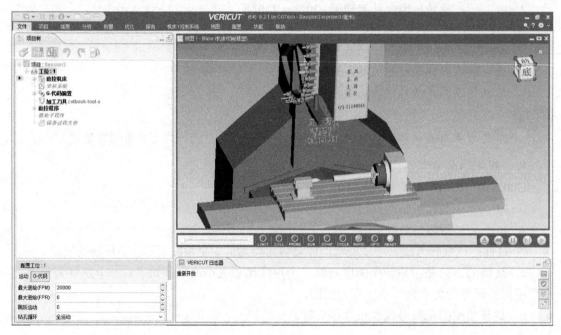

图　7-25

2）设置 A 轴的旋转逻辑为 EIA（360 绝对），最短的距离，如图 7-26 所示。

3）单击"G- 代码偏置"，设置如图 7-27 所示，单击图例中圈出的箭头图案，选中工件端面中心，进行工件对刀。

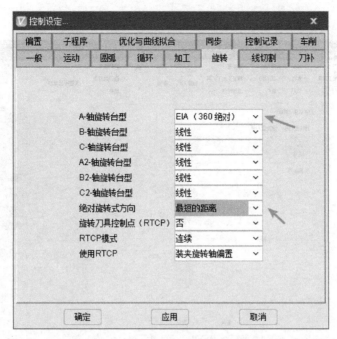

图　7-26

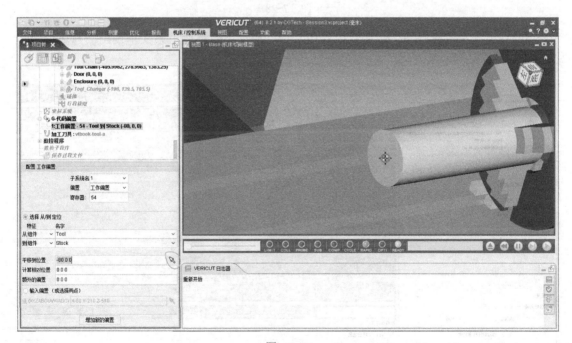

图　7-27

提示：

寄存器 54 表示调用 54 号寄存器，即使用 G54 坐标系。

4）双击加工刀具 加工刀具:vtbook-tool-a ，创建一把 φ10mm 的平底刀，如图 7-28 所示。

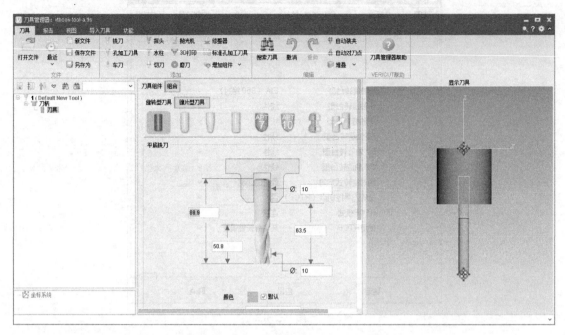

图　7-28

5）右击"数控程序"，添加数控程序文件，添加下载链接中第 7 章模型的六边形 .NC
文件，如图 7-29 所示。

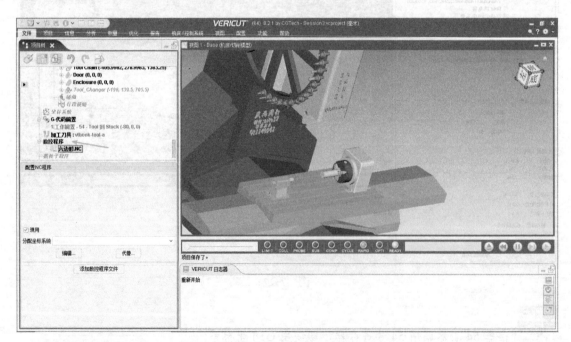

图　7-29

6）单击播放 按钮进行仿真，仿真结果如图 7-30 所示。

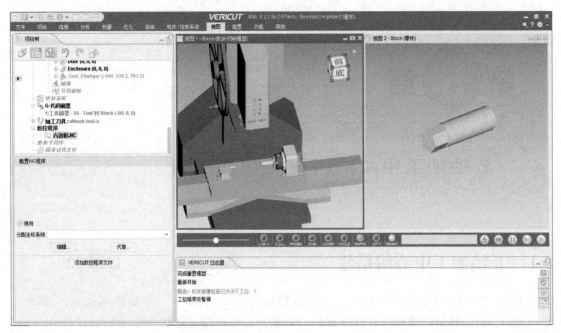

图 7-30

本 章 小 结

本章主要讲解了三轴数控铣床与四轴加工中心的结构与旋转轴的设置与对刀方法，以及刀具长度补偿与半径补偿的用法，读者可从二维码链接中获取该机床模型进行练习。

第 8 章

五轴加工中心的搭建与仿真应用

8.1 五轴加工中心的搭建

五轴加工中心是在三轴的 X、Y、Z 三根线性轴的基础上添加了一个旋转轴和一个摆动轴，旋转轴可 360°移动，摆动轴有行程极限。五轴加工中心的旋转轴与摆动轴可以是 AC，可以是 BC，也可以是非正交的结构。本章案例主要讲解 AC 五轴加工中心的仿真应用。具体步骤如下：

1）打开 VERICUT 8.2，打开第 8 章模型中的 GL8-V.vcproject 文件。

2）单击显示机床组件 图标（显示机床的组件附属关系）。

3）双击"项目树"中的"控制"，添加 HNC-848B 控制器，如图 8-1 所示。

4）在 Base 中添加 X 线性与 Y 线性组件，并将坐标移动至图 8-1 所示位置。

图 8-1

5）在 X 线性组件中，依次添加 Z 线性、主轴、刀具，并将坐标移动，如图 8-2 所示。

6）在 Y 线性组件中，依次添加 A 旋转、C 旋转、附属、夹具、毛坯，如图 8-3 所示。

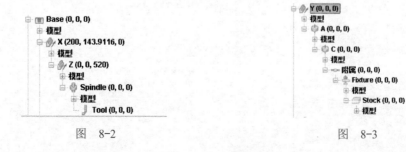

图 8-2   图 8-3

注意：

① 机床组件模型读者可以根据下载链接的第 7 章模型自己模仿搭建。最终完成效果如图 8-4 所示。

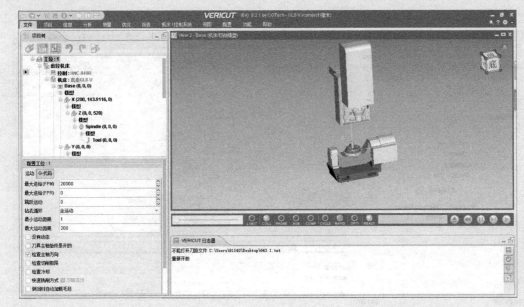

图　8-4

②A 旋转轴组件的组件坐标零点必须在 A 旋转轴中心，否则 A 旋转轴旋转时 A 轴会发生错位。

如图 8-5 所示，A 旋转轴组件坐标系零点沿 Y 轴正方向偏移了 200mm，旋转后，A 旋转轴产生了错位。

图　8-5

③ C 旋转轴组件的组件坐标零点必须在 C 轴旋转轴中心上，否则 C 轴旋转时 C 旋转轴会产生错位。

如图 8-6 所示，C 旋转轴组件坐标原点向 X 轴正方向偏移了 50mm，C 旋转轴旋转时产生了错位。

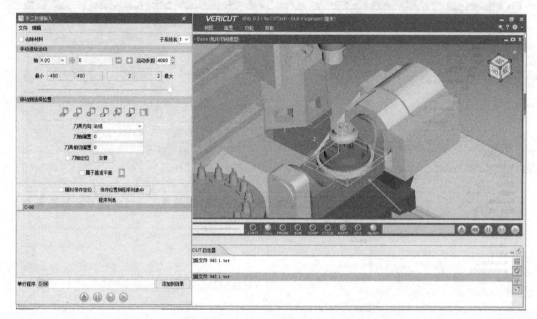

图 8-6

7）依次单击"机床 / 控制系统"→"机床设定"，设定碰撞检查，如图 8-7 所示。

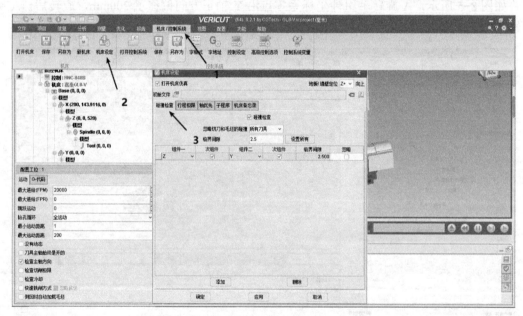

图 8-7

8）设置机床行程极限，如图 8-8 所示。

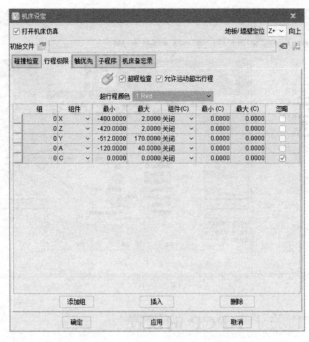

图 8-8

9）设置机床轴优先级别，如图 8-9 所示。

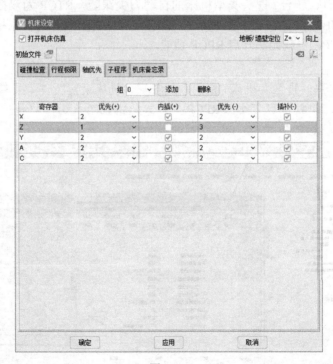

图 8-9

10）依次单击"机床 / 控制系统"→"控制设定"→"旋转"，设置旋转轴的旋转属性，如图 8-10 所示。

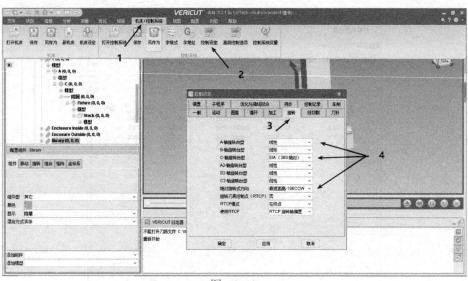

图 8-10

8.2 VERICUT 关于 RPCP 的设置

RPCP 又称自动刀尖跟随或刀具中心轨迹编程，即当编程坐标系（MCS）不在两旋转轴相交的地方时，RPCP 会自动根据机床内所设置的刀长补偿刀具，使零件正常加工。

RPCP 为双转台、转台/摆头类型机床的自动刀尖跟随，RTCP 为双摆头类型机床的自动刀尖跟随。在 VERICUT 中要设置 RPCP，就必须有支持 RPCP 的机床控制系统。如果控制系统不支持 RPCP，也就无法开启 RPCP 功能。

注意：

在 VERICUT 中，进入"机床/控制系统"→"机床设定"→"旋转"中关于 RPCP 的旋转默认设置，如图 8-11 所示。RPCP 的模式是由控制系统自动选择的，如果没有特殊要求应选用默认设置。

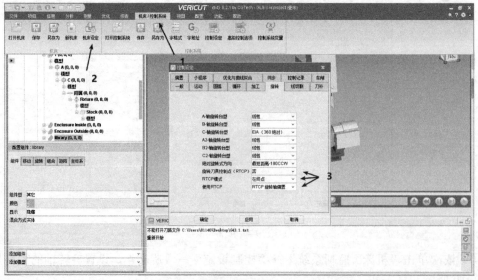

图 8-11

检查机床控制系统是否带有 RPCP 功能的步骤如下:

1）了解该控制系统开启 RPCP 功能的指令为多少，如华中 848 开启 RPCP 为 G43.4。

2）依次单击"机床/控制系统"→"字地址"→"States"，若该控制系统中有 G43.4，则表示该控制系统带有 RPCP 功能。当程序执行到 G43.4 时，自动开启 RPCP，如图 8-12 所示。

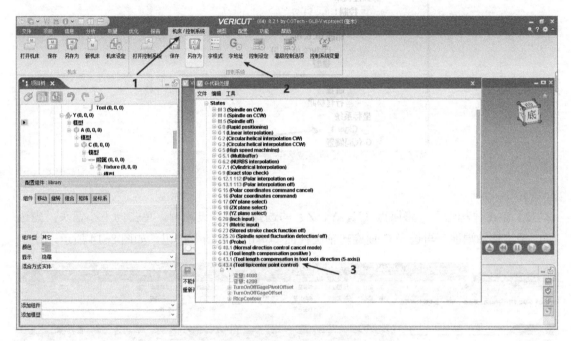

图 8-12

8.3 CAM 后处理无 RPCP 功能五轴叶轮的仿真

打开 VERICUT8.2，打开第 8 章模型中的 GL8-V.vcproject 文件。

1. 对刀至 C 轴旋转轴中心

1）单击"项目树"中的"坐标系统"，选择"Csys 1"，如图 8-13 所示。

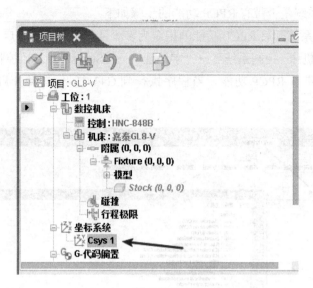

图　8-13

2）单击"构造"，将原点（X，Y，Z）的选择约束器设为圆，单击向下小箭头，先选择 C 轴旋转轴端面，再选择 C 轴旋转轴圆柱面，单击"更新"按钮，如图 8-14 所示。

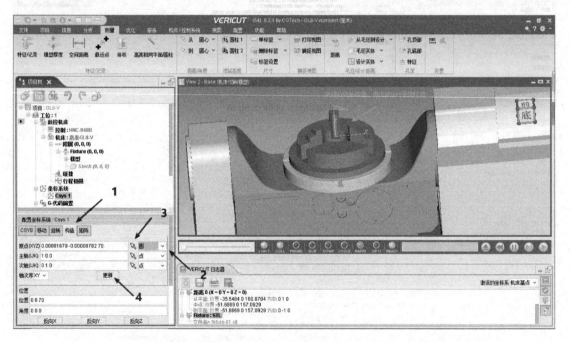

图　8-14

2. 对刀至 A 轴旋转中心

1）进入手工数据输入模式，输入 G00 A90，如图 8-15 所示。

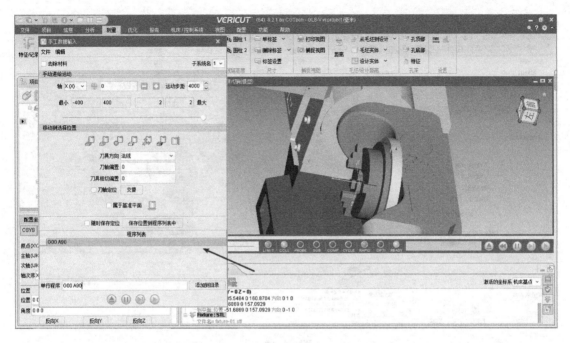

图 8-15

2）单击"测量"，将"距离 / 角度"中的选择约束器设为"平面"，单击"从"的小箭头，选择 C 轴旋转轴端面，如图 8-16 所示。

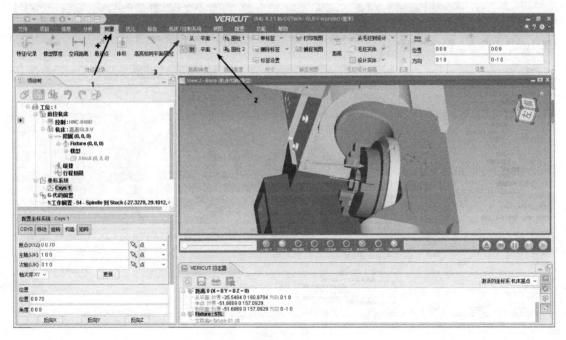

图 8-16

3）进入手工数据输入模式，输入 A-90，如图 8-17 所示。

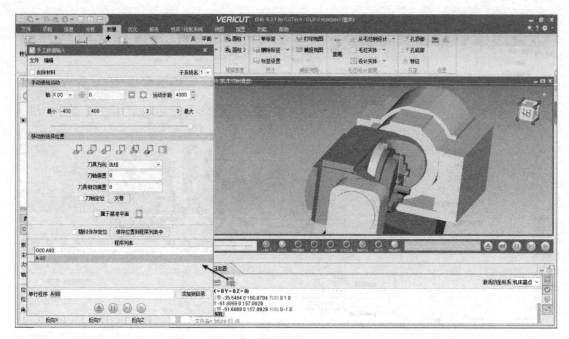

图 8-17

4）单击"测量"，在"距离 / 角度"中选择"到"的小箭头，拾取 C 轴旋转轴端面，如图 8-18 所示。

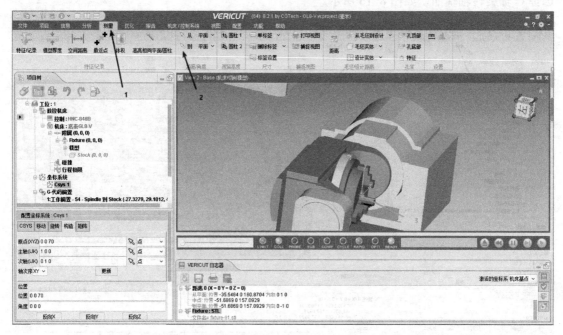

图 8-18

5）测得 A90°与 A-90°时，C 轴旋转轴端面相距 140mm，则将 Csys 1 坐标系向下偏移 70mm，找到 A 轴旋转轴中心，如图 8-19 所示。

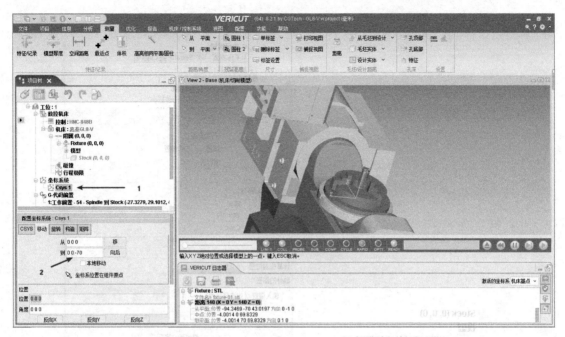

图 8-19

3. 叶轮仿真

1）双击"项目树"中的加工刀具，创建 1 号刀具：直径为 4 的球刀，如图 8-20 所示。

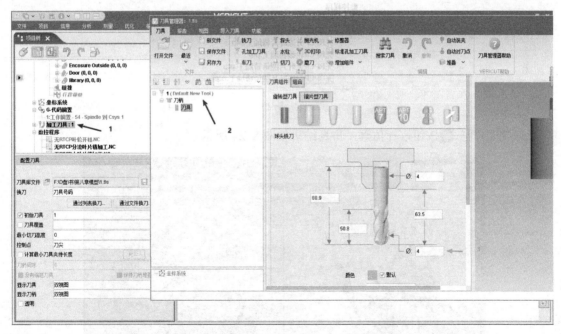

图 8-20

2）右击"Stock"，选择"添加模型"→"模型文件"，导入无 RPCP 叶轮毛坯模型，如图 8-21 所示。

3）设置 G- 代码偏置，如图 8-22 所示。

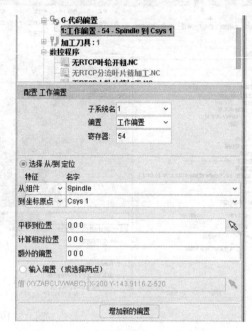

| 图 8-21 | 图 8-22 |

4）右击"数控程序"，添加数控程序，依次导入程序，如图 8-23 所示。

图 8-23

5）单击播放 按钮进行仿真，仿真结果如图 8-24 所示。

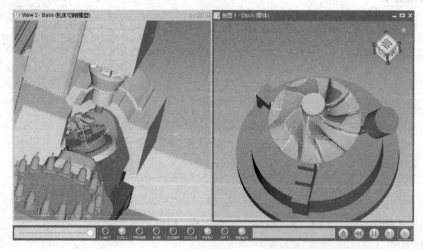

图 8-24

8.4　CAM 后处理有 RPCP 功能五轴叶轮的仿真

8.4.1　对刀

1）单击"项目树"中的"坐标系统"，选择"Csys 1"，如图 8-25 所示。

图　8-25

2）单击"位置"，将"位置"激活为黄色显示，单击叶轮中心的顶部，如图 8-26 所示。

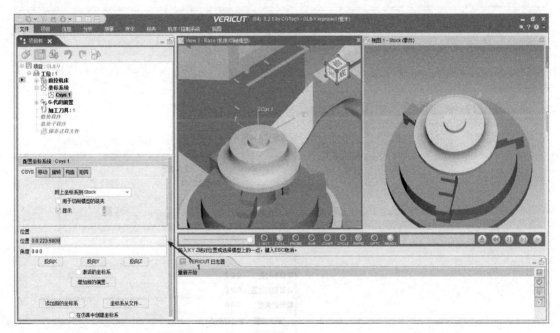

图　8-26

> 注意：
>
> RPCP 五轴加工中心的对刀点要求与 CAM 软件中的编程原点重合，本案例中编者在 CAM 软件中将编程原点设置在叶轮中心顶部，所以相应的 VERICUT 中的对刀点也应设置在叶轮中心顶部。

8.4.2 叶轮仿真

1）双击"项目树"中的加工刀具，创建 1 号刀具：直径为 4 的球刀。如图 8-27 所示。

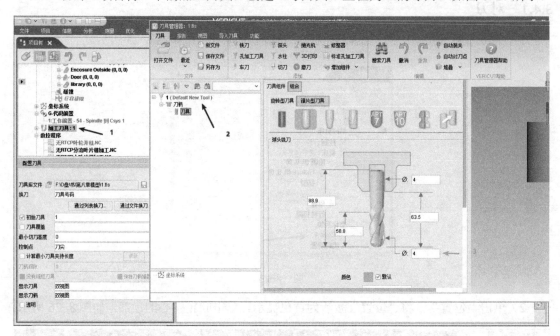

图 8-27

2）右击"Stock"，选择"添加模型"→"模型文件"，导入 RPCP 叶轮毛坯模型，如图 8-28 所示。

3）设置 G- 代码偏置，如图 8-29 所示。

图 8-28

图 8-29

4）右击"数控程序"，添加数控程序，依次导入程序，如图 8-30 所示。

图　8-30

5）单击播放 ⊙ 按钮进行仿真，仿真结果如图8-31所示。

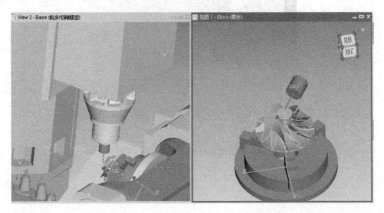

图　8-31

8.5　RTCP 双摆头五轴加工中心仿真案例

打开 C:\Program Files\CGTech\VERICUT 8.2.1\samples\rtcp.vcproject。官方自带案例在设置 G-代码偏置时出现了问题，只需修改从组件 B 轴到坐标原点，单击播放 ⊙ 按钮即可仿真出正确的结果，如图8-32和图8-33所示。

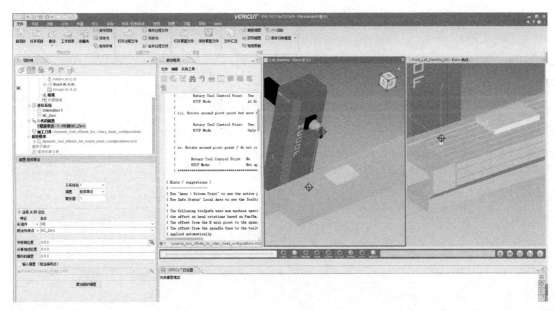

图　8-32

图 8-33

本 章 小 结

本章主要讲解了 AC 结构的五轴加工中心搭建与仿真应用，在五轴加工中常用的功能主要是定轴 G68.2 与联动 G43.4、RPCP 与 RTCP 的应用，在仿真之前一定要检查控制系统中是否设置过该指令，否则会引起仿真出错。

第9章

机床附件动作设置

机床附件动作包括车床尾座的移动、机床开关门、加工中心机械臂换刀动作及换刀时刀具的移动动作等。

9.1 车床附件设置

9.1.1 车床防护门移动动作设置

机床附件动作移动有两种方法，一种是调用子程序的方法，另一种是在字地址里直接设置代码或者指令实现。

1）开启 C:\ProgramFiles\CGTech\VERICUT8.2.1\library\2_axis_lathe_template_metric.vcproject。

2）在"类名"中添加 CGTech，在"字"中填写 DOOR_W=、"范围"中输入 *，在"宏名"中添加 SetSubsystemID（代表设置子程序 ID），"覆盖文本"填写 Door，如图 9-1 所示。

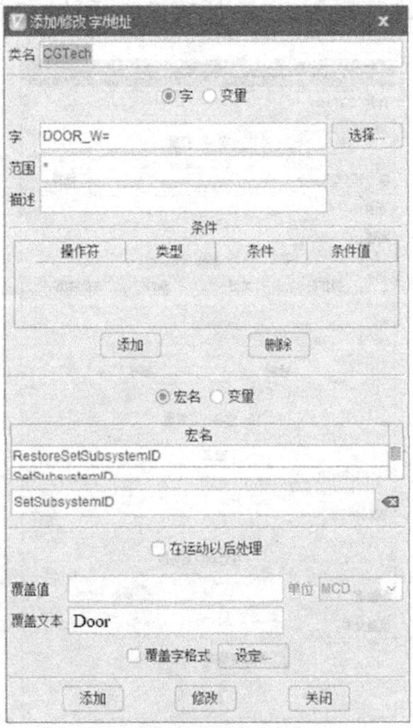

图 9-1

为什么要在"覆盖文本"中填写 Door 呢？因为在机床视图中单击机床门，查看"项目树"中组件门的名称为 Door，在"子系统"中也可以看到名称为 Door，所以覆盖文本要给一个名称，系统才能找到这个组件，如图 9-2 所示。

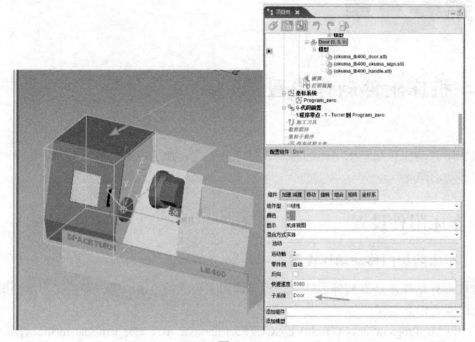

图 9-2

3）继续在字/地址类名 CGTech 中添加 WAxisMotion 宏（代表驱动 W 轴），如图 9-3 所示。因为机床门也需要创建一个线性运动轴，名为 W 轴，可以在图 9-2 中看到。

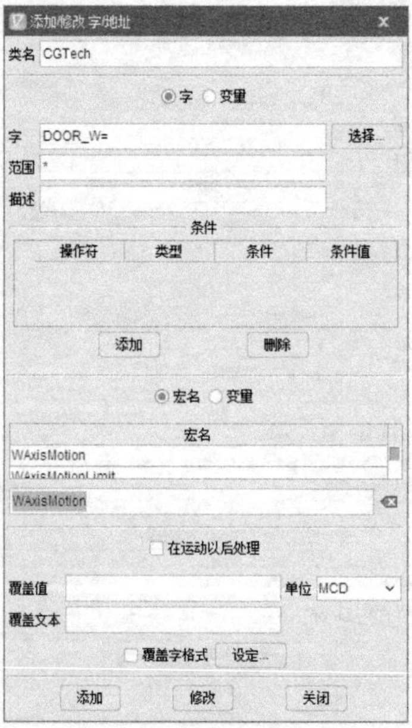

图 9-3

4）继续添加 ProcessMotion 宏，该宏处理与前一组命令相关联的运动。此命令在块的末尾自动调用，以创建附加运动，如图 9-4 所示。

图　9-4

5）继续添加 RestoreSetSubsystemID 宏，该宏的功能是将活动子系统（控制系统）恢复到在调用 SetSubsystemID 之前处于活动状态的子系统。添加完的状态如图 9-5 所示。

图　9-5

6）在"机床 / 控制系统"菜单中单击"高级控制选项"，如图 9-6 所示。

图　9-6

7）在"代替"选项卡的"输入文本"中输入 close door guan men。

注意：

"输入文本"中输入的字可以是任意字符，但不能为中文，因为中文会产生乱码。这个字可以直接写在程序中，也可以使用 MDI 运行该字符段。

在"输出文本"中输入 DOOR_W=1000，表示机床门组件往 W 轴的方向移动 1000mm。该字符必须在"字格式"窗口中定义，如图 9-7 所示。

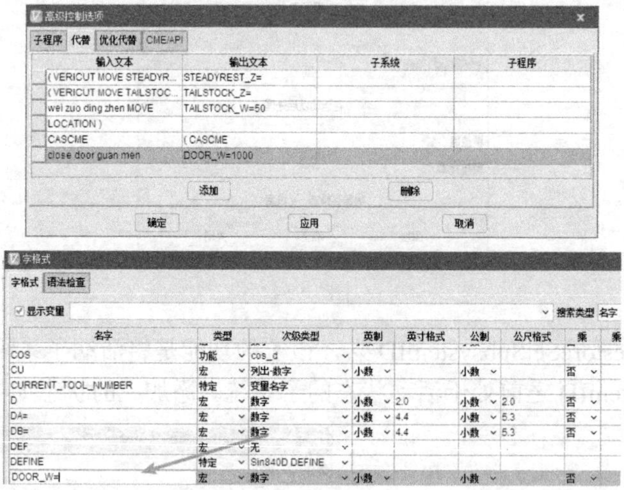

图　9-7

8）在"手工数据输入"窗口中输入定义好的字 close door guan men，然后单击播放 按钮，在机床视图中即完成关门动作，如图 9-8 所示。

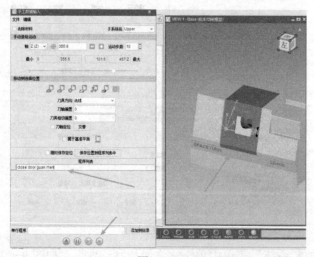

图　9-8

9.1.2　车床尾座顶尖动作定义

1）添加 M55 与 M56 来控制尾座移动，添加 CallTextSubName 宏（代表呼叫子程序文本）、覆盖文本 Tailstock Quill Forward，如图 9-9 所示。

图　9-9

2）在"高级控制选项"窗口中添加 C:\Users\81140\Desktop\che\osp7000l.sub，如图 9-10 所示。

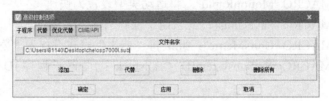

图　9-10

3）打开该子程序，了解该子程序的运作原理与含义，如图 9-11 所示。

图　9-11

这里只介绍 M56 中程序的含义。定义尾座移动 CGTECH 宏专用子程序含义如下：

① CGTECH_MACRO "SubroutineSequence" "Tailstock_Quill_Forward"：类似定义为单个作业顺序的宏。在多遍作业中，文件中的当前位置在第一次通过期间标记为子程序的开始。文本覆盖值"Tailstock_Quill_Forward"为子程序名称。

② CGTECH_MACRO "ProcessTimeOnOff" "" 0：在刀具链操作中打开或关闭加工时间。这允许系统忽略来自刀具更改器运动的时间，并且只使用刀具链组件窗口中定义的确切交换时间。0 使时间关闭。

③ CGTECH_MACRO "TurnOnOffTravelLimits" "" 0：此宏为当前子系统中的所有组件提供关闭行程限制的功能。默认设置是在"G-代码设置"窗口或机床设置窗口。值：1= 打开行程限制检查（默认）任何其他值=旋转行程限制检查。

④ CGTECH_MACRO "ModeAbsolute"：将命令模式设置为绝对。

⑤ CGTECH_MACRO "MotionRapid"：将运动类型设置为快速。

⑥ CGTECH_MACRO "SaveUnits"：此宏用于保存当前单元设置。

⑦ CGTECH_MACRO "UnitsMetric"：此宏将"单位"模式设置为"公制"。

⑧ CGTECH_MACRO "SetSubsystemID" "Tailstock"：设置子程序 ID 为"Tailstock"尾座组件名称。

⑨ CGTECH_MACRO "TouchComponentName" "Stock"：触碰到组件名为"Stock"毛坯。

⑩ CGTECH_MACRO "Touch"：此宏含义为轴移动，直到触摸组件到达编程位置，或者当对象接触到某个东西时停止。

⑪ CGTECH_MACRO "WAxisMotion" "" -180：使 W 轴移动 -180mm。

⑫ CGTECH_MACRO "ProcessMotion"：处理与前一组命令相关联的运动。此命令在块的末尾自动调用。此命令也可以称为宏，以创建附加运动。

⑬ CGTECH_MACRO "RestoreSetSubsystemID"：将活动子系统（控制）恢复到在调用 SetSubsystemID 之前处于活动状态的子系统。

⑭ CGTECH_MACRO "RestoreUnits"：将单位还原为以前保存的值。

⑮ CGTECH_MACRO "TurnOnOffTravelLimits" "" 1：此宏为当前子系统中的所有组件提供关闭行程限制的功能。默认设置是在"G-代码设置"窗口或机床设置窗口的"行程限制"选项卡上行程限制设置。值 1 还原此设置，任何其他值都会使行程限制检查关闭。

⑯ CGTECH_MACRO"ProcessTimeOnOff" "" 1：在刀具链操作中打开或关闭加工时间。这允许系统忽略来自刀具更改器运动的时间，并且只使用刀具链组件窗口中定义的确切交换时间。1 使时间恢复。

⑰ CGTECH_MACRO "EndSub"：子程序结束。

4）在"字格式"中添加 M、宏、数字、小数为 3.0，表示最多支持 3 位数的 M 代码，如图 9-12 所示。

| M | | 宏 ∨ | 数字 ∨ | 小数 ∨ | 3.0 | 小数 ∨ | 3.0 | 否 ∨ | |

图 9-12

5）手工数据输入运行 M56 的结果如图 9-13 所示。尾座顶尖往负方向移动 180mm 后触碰到毛坯停止。

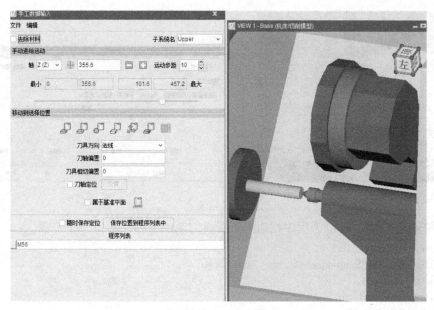

图 9-13

9.2 加工中心机床附件动作设置

9.2.1 加工中心换刀动作部分机床案例集锦

1）圆盘斗笠式刀库换刀动作案例。如图 9-14 所示。打开 C:\Program Files\CGTech\VERICUT 8.2.1\samples\3_axis_mill.vcproject。

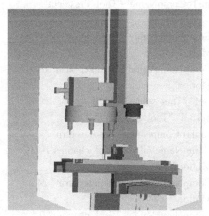

图 9-14

2）链式刀库换刀动作案例。如图 9-15 所示。打开 C:\Program Files\CGTech\VERICUT 8.2.1\samples\Automotive\lower_triple_clamp.vcproject。

3）哈斯侧固式机械臂换刀动作案例。打开 C:\Program Files\CGTech\VERICUT 8.2.1\samples\Haas\haas_vf2_tr160_sample.vcproject，在"机床 / 控制系统"菜单中打开"机床设定"窗口，查看换刀子程序，如图 9-16 所示。

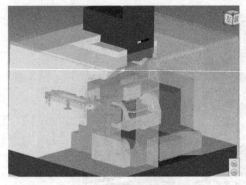

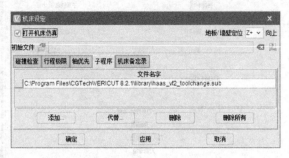

图　9-15 　　　　　　　　　　　　　图　9-16

右击单步运行，跳至子程序按钮来查看换刀动作子程序的每一个步骤。

(Haas VF2-TR Subroutines)
CGTECH_MACRO "SubroutineSequence" "toolchange"
(Toolchange Routine)
(Inputs and Variables Used)
(#4120 Toolcode from T)
(#3026 Tool in spindle)
IF [#4120 EQ #3026] GOTO 99
T#4120 (toolchain to tool)
CGTECH_MACRO "ProcessTimeOnOff" "" 0
CGTECH_MACRO "ModeAbsolute"
CGTECH_MACRO "SaveUnits"
CGTECH_MACRO "UnitsMetric"
CGTECH_MACRO "MotionRapid"
CGTECH_MACRO "ToolChainMotion"
CGTECH_MACRO "ToolChainToCompName" "Tool_Preselect"
(rotate pickup arm)
CGTECH_MACRO "ProcessCompNameValue" "Tool_Drop_B" -90
CGTECH_MACRO "ProcessMotion"
CGTECH_MACRO "ProcessCompNameValue" "changer_arm" 65
CGTECH_MACRO "ProcessMotion"
CGTECH_MACRO "MountTool" "Tool_select" #4120
CGTECH_MACRO "UnMountTool" "Tool_Preselect"
CGTECH_MACRO "UnloadToolToCompName" "Tool_return"
CGTECH_MACRO "ProcessCompNameValue" "Tool_changer" -117
CGTECH_MACRO "ProcessMotion"
CGTECH_MACRO "ProcessCompNameValue" "changer_arm" 245
CGTECH_MACRO "ProcessMotion"
CGTECH_MACRO "ProcessCompNameValue" "Tool_changer" 0
CGTECH_MACRO "ProcessMotion"
CGTECH_MACRO "UnMountTool" "Tool_select"
CGTECH_MACRO "ToolChange"
CGTECH_MACRO "MountTool" "Tool_preselect" #3026
CGTECH_MACRO "UnMountTool" "Tool_return"
CGTECH_MACRO "ProcessCompNameValue" "Tool_Drop_B" 0
CGTECH_MACRO "ProcessMotion"

```
CGTECH_MACRO "ToolChainFromCompName" "Tool_preselect"
CGTECH_MACRO "ProcessMotion" ""
CGTECH_MACRO "ProcessCompNameValue" "changer_arm" 360
CGTECH_MACRO "ProcessMotion"
(Make arm invisible to set back to 0 position)
(Required to enable Tool Select and Tool Return Components)
(To be in correct position for next change)
CGTECH_MACRO "SetComponentVisibility" "changer_arm" 0
CGTECH_MACRO "ProcessMotion" ""
CGTECH_MACRO "ProcessCompNameValue" "changer_arm" 0
CGTECH_MACRO "ProcessMotion"
CGTECH_MACRO "SetComponentVisibility" "changer_arm" 2
CGTECH_MACRO "ProcessMotion" ""
CGTECH_MACRO "ProcessTimeOnOff" "" 1
CGTECH_MACRO "RestoreUnits"
#3026=#4120
N99
CGTECH_MACRO "EndSub"
```

后面将详细介绍换刀子程序的具体步骤,其宏的含义请读者自行按 F1 键查阅系统帮助进行理解,这里就不再叙述。

9.2.2 换刀动作步骤解读

1) 刀盘旋转 90°,把刀具放下来,如图 9-17 所示。

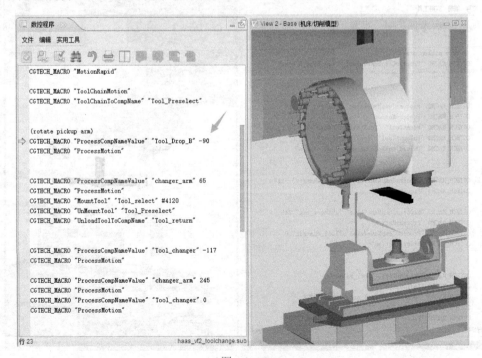

图 9-17

2) 机械臂旋转 65° 去取刀,如图 9-18 所示。

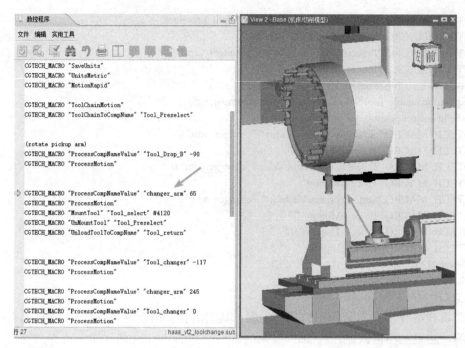

图 9-18

3）刀具沿 Z 方向移动 -177mm，如图 9-19 所示。

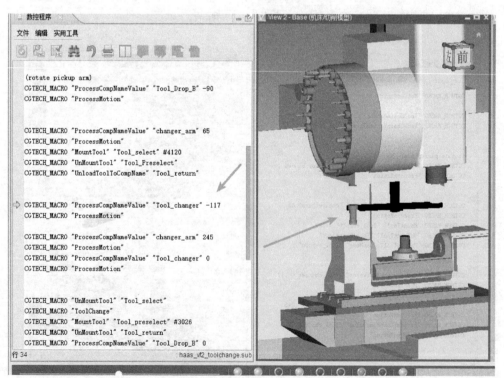

图 9-19

4）机械臂旋转 245°，如图 9-20 所示。

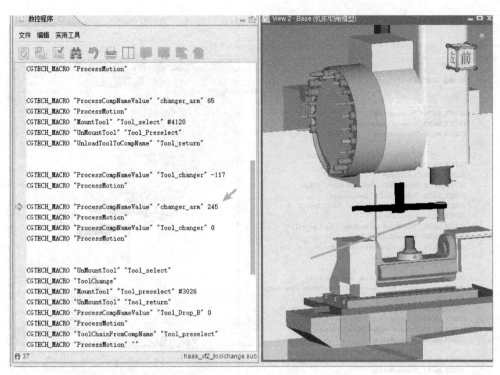

图　9-20

5）机械臂把刀柄捅至主轴内锥，沿 Z 轴正方向移动至 0 位，如图 9-21 所示。

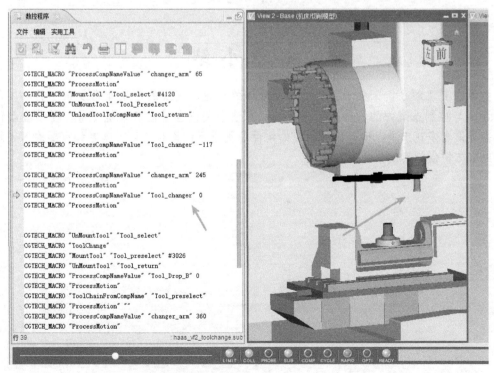

图　9-21

165

6）刀具更换完毕后，机械臂旋转 360° 完成换刀动作，如图 9-22 所示。

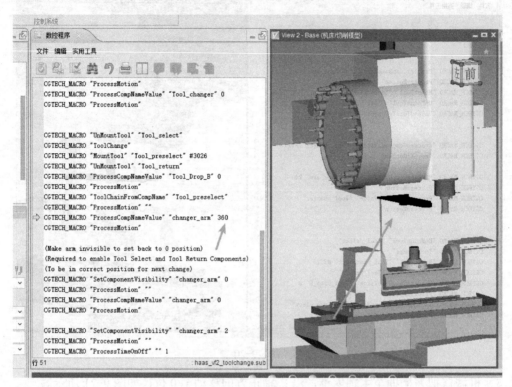

图 9-22

本 章 小 结

本章主要讲解了机床各个附件的运动动作的设置，其宏的用法非常复杂，其中包含了动作逻辑与控制系统内的一些宏程序算法，算法中又包含了很多系统变量，要学会动作的设置需要读者多花工夫，逐一比对相应的组件位置进行设置和学习。读者如需要深入了解，可借助官方提供的案例进行参照学习。

第10章

程序优化

10.1　程序优化原理与概念

优化原理来源于实际生产。无论是手工编程，还是软件编程，其程序速度一般比较固定，可以给定一些下刀、抬刀速度，但无法得知每步的切削量，从而无法根据切削量调整切削速度，所以在实际生产中，常常看到机床操作者使用倍率旋钮来调整切削速度，操作者的目的：第一，避免切削余量大，损坏刀具和损伤机床；第二，保证零件质量；第三，提高加工效率。

VERICUT 优化和实际生产完全统一。VERICUT 优化就是模拟生成过程切削模型，根据当前所使用的刀具及每步走刀轨迹，计算每步程序的切削量，再和我们的切削参数经验值或刀具厂商推荐的刀具切削参数（这些参数保存在刀具库的优化记录中）进行比较。当计算分析发现余量大，VERICUT 就降低速度；余量小，就提高速度，进而修改程序，插入新的进给速度，最终创建更安全、更高效的数控程序。

从上面介绍可以看出：VERICUT 这里的优化，只是根据切削量，优化数控程序的进给速度，VERICUT 优化模块不改变程序的轨迹。不过，当 VERICUT 优化时，发现一步 NC 程序路径长，而且其切削余量是变化的，就需要优化调整切削速度，这时 VERICUT 按照设定的优化参数，将原一步数控程序打断为多段，给每段插入新的进给，同样也不改变程序轨迹，这些多段程序其轨迹与原一段一样，没有发生任何改变。

10.2　OptiPath 刀路优化模块

OptiPath 刀路优化模块功能：

1）能够根据机床、刀具、切削材料等外部切削条件，对程序进给、转速进行优化。

2）根据切削材料体积自动调整进给率，当切削大量材料时，进给率降低；当切削少量材料时，进给率相应地提高。根据每部分需要切削材料量的不同，优化模块能够自动计算进给率，并在需要的地方插入改进后的进给率。无须改变轨迹，优化模块即可为新的刀具路径更新进给率。

3）能够自动生成优化库，并将刀具库中的刀具参数传输到优化库中。

4）自动比较优化前后的程序，以及优化后节约的加工时间。

5）能够手工配置和完善优化库，使得刀具运动从开始空走刀到切入材料，再从离开材料回到起始点的每一个过程都可以优化。

VERICUT 提供了五种优化方法，如图 10-1 所示。

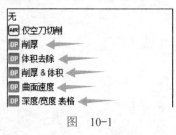

图 10-1

10.3 VERICUT Force 模块

Force 模块特性：

1）Force 是一种基于物理性能的优化方法。根据刀具的受力、主轴功率、最大切厚以及最大允许的进给率这四点要素确定的切削条件，Force 计算出最大的可靠的进给速度。Force 是用物理模型基于切削力和主轴功率计算来调整进给速度。

2）Force 通过分析刀具的几何外形和参数、毛料和刀具的材料属性、具体的切削刃几何形状以及 VERICUT 中每一刀的切削接触状况，可以计算出理想的进给速度。

3）Force 通过一系列专用的材料系数来计算材料的受力以及摩擦和温度的影响，在 NC 程序中插入合适的切削条件。

4）Force 使用的材料数据来源于真实的加工实验结果，而不是依靠有限元分析结果来推算的。Force 所使用的独特的切削系数，能够计算出最精确的切削力。

5）基于用户指定的条件：进给速度、切削力、切削厚度、主轴功率和工件材料属性计算新的进给速度。

6）可延长刀具使用寿命。优化过后的程序使用最佳的进给速度和最佳的切削状况，更短的加工时间意味着更少的刀具磨损。

VERICUT 提供了三种优化方法，如图 10-2 所示。

图 10-2

10.4 OptiPath 应用实例

1）打开软件安装目录 X:\Program Files\CGTech\VERICUT 8.2.1\samples\OptiPath 中的 optipath_aerom.vcproject，打开刀具管理器窗口，设置 2 号刀与 3 号刀，如图 10-3 所示。

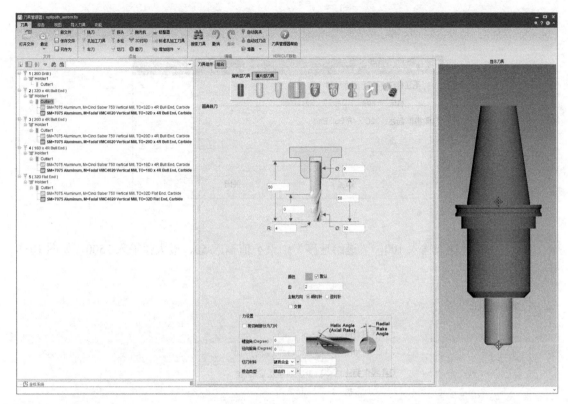

图　10-3

2）右击刀具组件图标，增加毛坯材料，如图 10-4 所示。

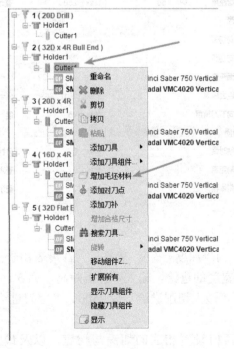

图　10-4

3）输入毛坯材料等信息，如图 10-5 所示。

图　10-5

4）"主轴转速"输入 100，"进给速度"中最小值输入 50、最大值输入 2500，如图 10-6 所示。

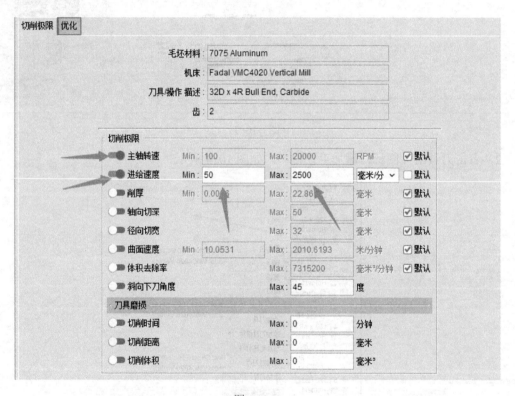

图　10-6

5）选择"优化方法"为"深度 / 宽度　表格"，深度表用于控制不同切削深度的进给，宽度表用于改变不同切削宽度的进给。输入"解析距离"为 5、"最小进给改变"为 120、"最小切削进给"为 50、"最大切削进给"为 2500、"空刀进给"为 5000、"整理进给"为 3800，如图 10-7 所示。

6）在"优化设置"窗口设置相应的切深与切宽，以及最大体积去除率，如图 10-8 所示。

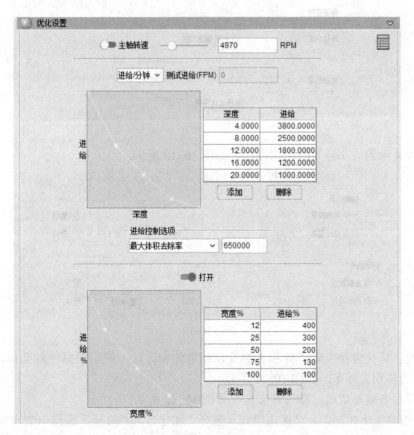

图 10-7

图 10-8

最大体积去除率可以利用软件中自带的计算器自动算出，如图 10-9 所示。

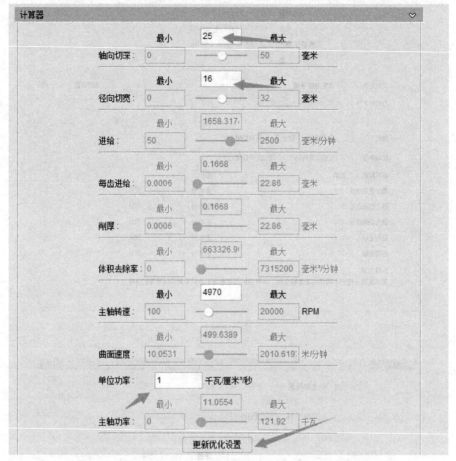

图　10-9

7）设置 4 号刀与 5 号刀的切削极限，如图 10-10 所示。

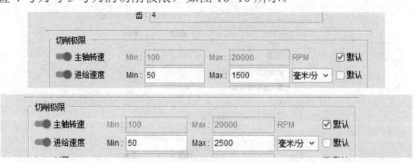

图　10-10

8）设置"优化方法"为"体积去除"，恒定体积方法：基于刀具接触面积，进给改变以保持恒定的体积去除率，如图 10-11 所示。

9）设置好各项参数后保存刀具文件，如图 10-12 所示。

10）单击"优化控制"，"优化模式"选择"优化"，"材料"选择 7075 铝合金，"机床"选择 Fadal VMC4020 Vertical Mill，单击"确定"，如图 10-13 所示。

图 10-11

图 10-12

图 10-13

11）查看 VERICUT 日志器，显示打开优化且 OPTI 绿灯开启表示开始准备优化，如图 10-14 所示。

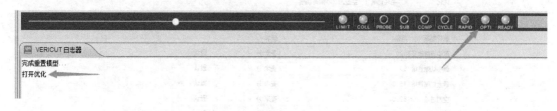

图 10-14

12）单击播放按钮，自动弹出"优化节省计算器"窗口；单击"计算零件的节省"，可以查看零件节省的时间与金钱等参数；单击"计算车间年节省"可以显示年节省的总数等参数；单击"重置 VERICUT 切削模型和用已优化文件替换当前的数控程序文件吗？"，可查看与替换优化后的程序，如图 10-15 所示。

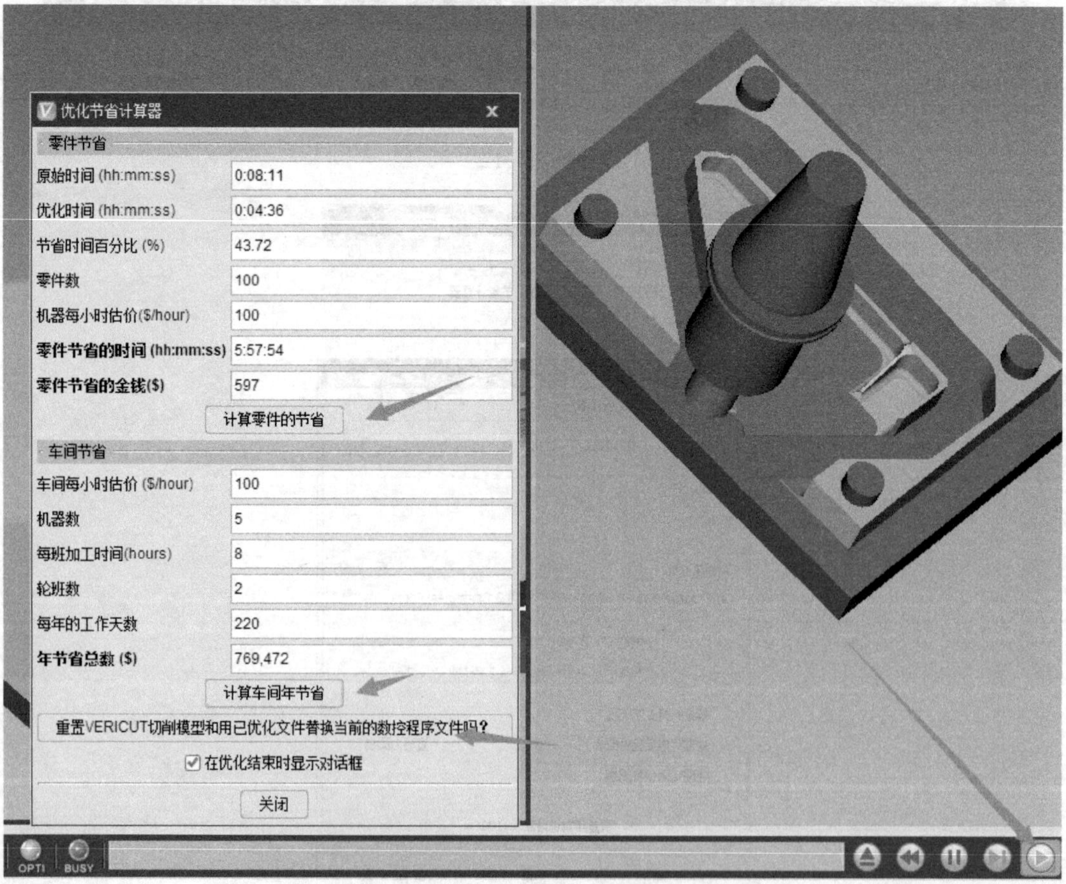

图　10-15

13）单击"比较文件"，进行程序比较，如图 10-16 所示。

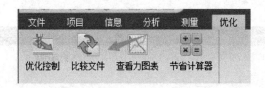

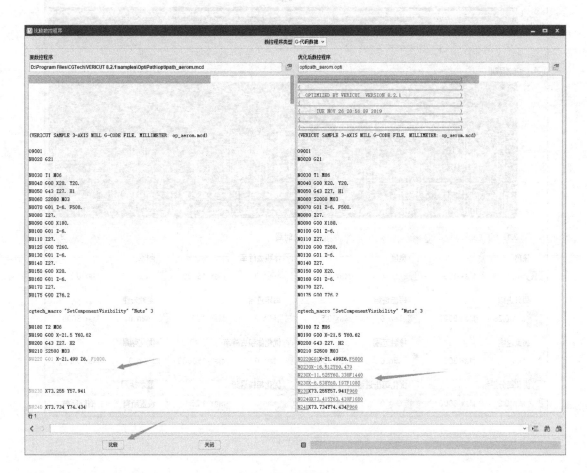

图 10-16

14）单击"信息"菜单下的"图表"功能，查看优化之后的动态图标对比，如图 10-17 所示。

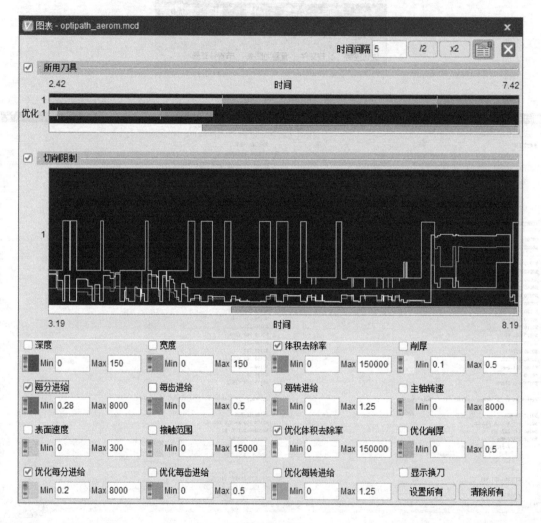

图　10-17

15）单击"信息"菜单下的"VERICUT日志"选项查看优化日志，如图10-18所示。

图　10-18

```
 VERICUT日志: vericut.log

Tue Nov 26 19:28:46 2019

*******************************************************************************
刀路文件 : D:\Program Files\CGTech\VERICUT 8.2.1\samples\OptiPath\optipath_aerom.mcd

                        刀具摘要
                        ==============

Seq.  记录          刀具描述      刀具高度  刀具夹长  原始时间    空刀时间    空刀时间 %
                    优化路径记录                            优化后时间
                    最优化                                  时间差异
-------------------------------------------------------------------------------
  1      6: N0030 T1 M06  1: 20D Drill      60      60     0:00:34    0:00:18      54%
                    不优化                                  0%

  2     25: N0180 T2 M06  2: 32D x 4R Bull End  50    50     0:01:37    0:00:13      14%
                    32D x 4R Bull End, Carbide #2            0:01:04
                    表                                       33.1805%

  3     81: N0730 T3 M06  3: 20D x 4R Bull End  40    40     0:02:31    0:00:36      24%
                    20D x 4R Bull End, Carbide #4            0:01:05
                    表                                       56.5062%

  4    196: N1870 T4 M06  4: 16D x 4R Bull End  25    25     0:02:30    0:00:15      10%
                    16D x 4R Bull End, Carbide #4            0:01:13
                    恒体积: 82000                            51.3208%

  5    358: N3480 T5 M06  5: 32D Flat End     50      50     0:00:57    0:00:04       7%
                    32D Flat End, Carbide #2                 0:00:37
                    恒体积: 800000                           34.2904%

===============================================================================
           原始时间总:                              0:08:11    0:01:27      18%
           优化后总时间:                            0:04:36
           总时间差异:                              43.7172%

错误数: 0
警告数: 1
从最近的倒回总的循环时间: 0:08:11
从最近的倒回总空刀时间: 0:01:27 (18)%
```

图 10-18（续）

10.5 利用官方案例深入学习

1. 削厚和体积组合方法

削厚和体积组合方法如图10-19所示。进给改变以保持：恒定的削厚或恒定的体积去除率，取两者产生的较小进给。在案例文件中打开：X:\Program Files\CGTech\VERICUT 8.2.1\samples\OptiPath\optipath_moldm.vcproject，X:\Program Files\CGTech\VERICUT 8.2.1\samples\OptiPath\optipath_pandam.vcproject 来学习。

2. 恒定体积方法

恒定体积方法如图 10-20 所示。基于刀具接触面积，进给改变以保持恒定的体积去除率。

在案例文件中打开 X:\ProgramFiles\CGTech\VERICUT8.2.1\samples\OptiPath\optipath_volume_removal_mm.vcproject 来学习。

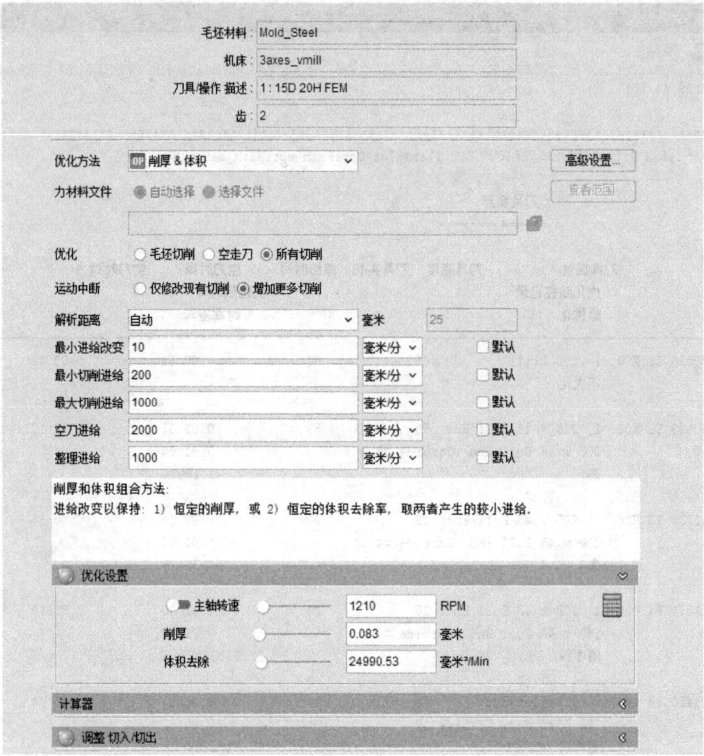
毛坯材料：Mold_Steel
机床：3axes_vmill
刀具/操作 描述：1 : 15D 20H FEM
齿：2
优化方法 削厚 & 体积
高级设置...
力材料文件 自动选择 选择文件
查看范围
优化 毛坯切削 空走刀 所有切削
运动中断 仅修改现有切削 增加更多切削
解析距离 自动 毫米 25
最小进给改变 10 毫米/分 默认
最小切削进给 200 毫米/分 默认
最大切削进给 1000 毫米/分 默认
空刀进给 2000 毫米/分 默认
整理进给 1000 毫米/分 默认
削厚和体积组合方法：
进给改变以保持：1）恒定的削厚，或 2）恒定的体积去除率，取两者产生的较小进给。
优化设置
主轴转速 1210 RPM
削厚 0.083 毫米
体积去除 24990.53 毫米³/Min
计算器
调整 切入/切出

图 10-19

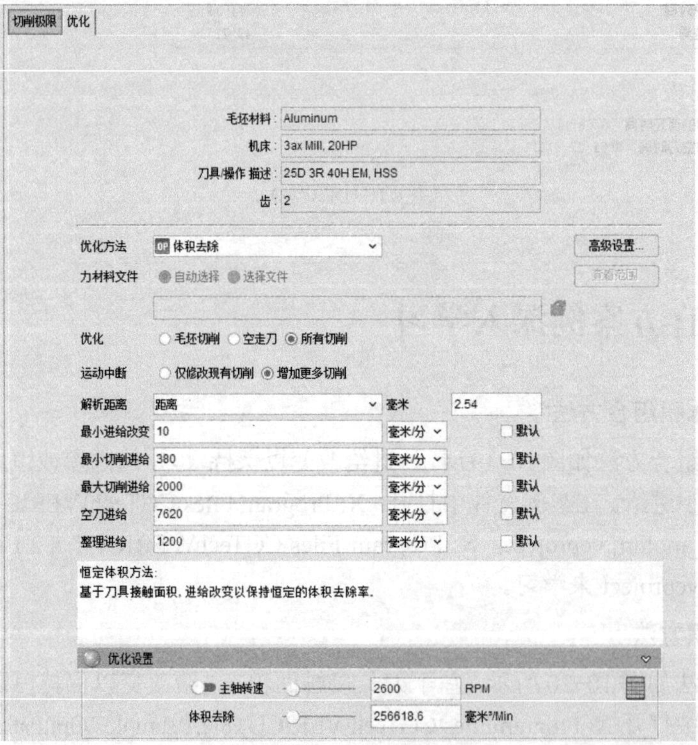
切削极限 优化
毛坯材料：Aluminum
机床：3ax Mill, 20HP
刀具/操作 描述：25D 3R 40H EM, HSS
齿：2
优化方法 体积去除
高级设置...
力材料文件 自动选择 选择文件
查看范围
优化 毛坯切削 空走刀 所有切削
运动中断 仅修改现有切削 增加更多切削
解析距离 距离 毫米 2.54
最小进给改变 10 毫米/分 默认
最小切削进给 380 毫米/分 默认
最大切削进给 2000 毫米/分 默认
空刀进给 7620 毫米/分 默认
整理进给 1200 毫米/分 默认
恒定体积方法：
基于刀具接触面积，进给改变以保持恒定的体积去除率。
优化设置
主轴转速 2600 RPM
体积去除 256618.6 毫米³/Min

图 10-20

10.6 Force 的应用案例

1）打开 D:\Program Files\CGTech\VERICUT 8.2.1\samples\Force\force_moldm.vcproject。

2）打开刀具管理器，设置刀具 T46 号的各项参数和齿数，螺旋角为 30°，径向前角为 5°，如图 10-21 所示。

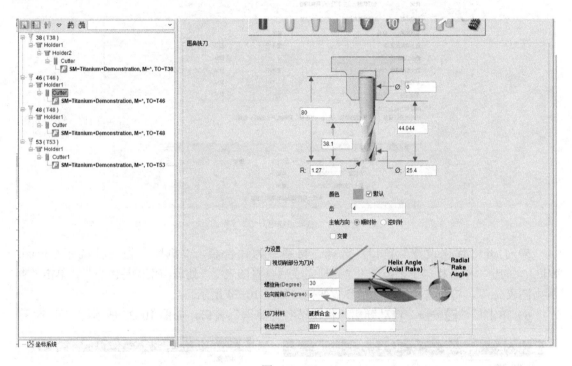

图 10-21

3）右击添加按钮，添加毛坯材料为钛合金，如图 10-22 所示。

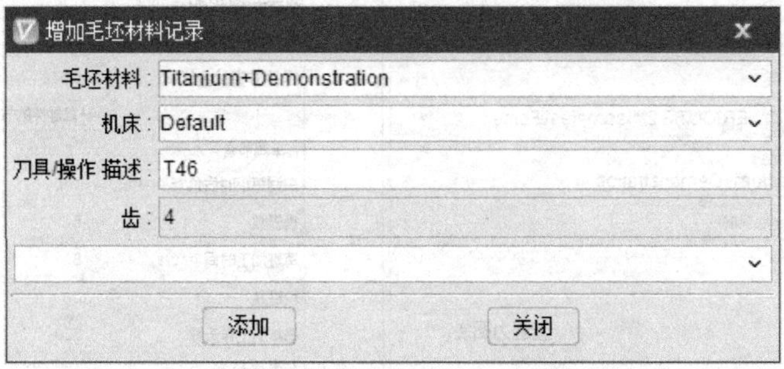

图 10-22

4）"优化方法"选择 Force 中的"削厚 & 力"，软件自动算出力的极限与最大刀具偏移等参数，如图 10-23 所示。

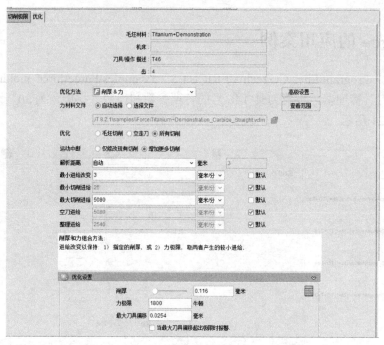

图 10-23

5）打开"优化设置"窗口，选择"材料"为钛合金，"机床"为三轴铣床（3-axis Mill），勾选"检查材料工艺范围""处理完成后查看图表""处理结束保持图表"，单击"查看力图表 ..."，可查看实时的切削参数变化，如图 10-24 所示。

6）单击播放按钮，自动弹出"优化节省计算器"窗口，如图 10-25 所示。

图 10-24

图 10-25

7）自动弹出力图表，可以进行优化前和优化后的数据图对比，可发现优化后的程序最大切削厚度趋于平稳状态，如图 10-26 所示。

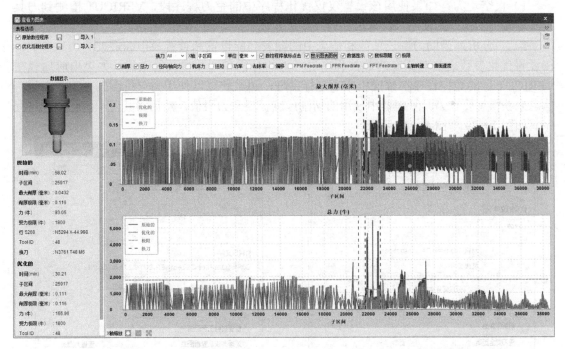

图　10-26

8）勾选其他参数，进行对比优化参数，如图 10-27 所示。

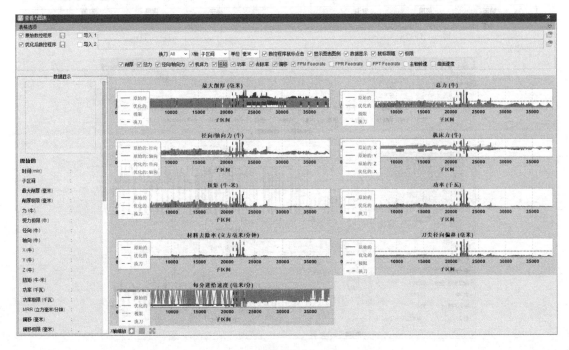

图　10-27

10.7 其他优化参数的说明

1）仅空走刀：如果使用该设置仅仅优化程序中的空刀程序段，VERICUT 检测到刀具没有触碰到工件，则使用最快速度在程序中进行插补。如图 10-28 所示。

2）力分析：借助力图表功能和信息中的图表功能设置和查看最小和最大的加工参数，在设置优化参数之前对原有的数控程序进行力的分析和各项参数的微调。如果当前加载在 VERICUT 上的数控程序在数控机床上运行良好，那么就可以使用力分析图表"刀具提示"信息来获得想要在刀具管理器中使用的切削厚度极限和力限值，然后将其用于优化的数控程序。如图 10-29 与图 10-30 所示。

图 10-28

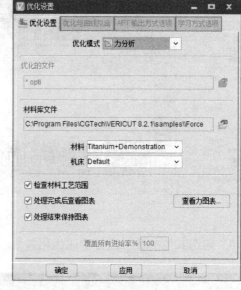

图 10-29

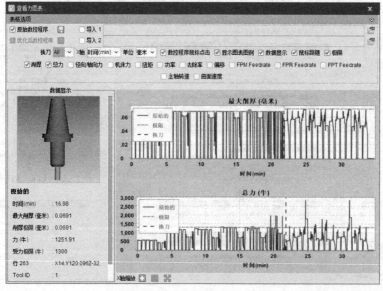

图 10-30

3）当切削时提示：单击播放  按钮，在完成切削仿真后，当程序读到换刀程序时，软件会自动弹出刀具的"优化设置"窗口，如图 10-31 所示。

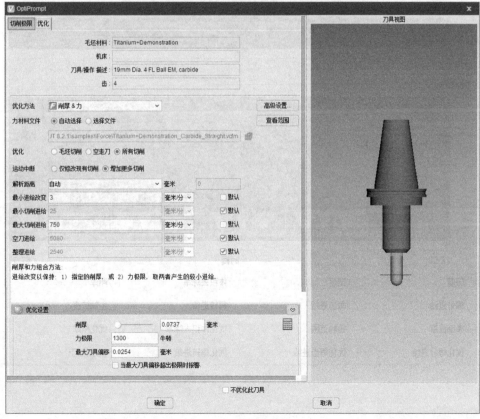

图　10-31

4）向数控程序中学习：从 NC 程序中学习打开 OptiPath，并自动为当前项目文件创建一个新的刀具库文件。创建的刀具库文件中的 OptiPath 记录可以使用 OptiPath 窗口中的特性进行手动微调，然后用于优化 NC 程序。对于每个刀具，OptiPath 会找到在切削过程中发生的最大体积去除率和切削厚度，并将它们用于相应的刀具选择路径设置。优化模式被设置为每个刀具的切削厚度和体积去除的组合。轴向深度和径向宽度是由产生最大体积去除率的切削决定的。默认值用于其他设置，除非它们已使用学习模式 Optio 进行了特别更改。

如果当前加载在 VERICUT 上的 NC 程序在数控机床上运行良好，那么就可以利用图表中的信息来获得想要在刀具管理器中使用的值，从而对学习 NC 程序模式所获得的优化设置进行微调。"学习方式选项"选项卡上的特性能够覆盖最小进给率的改变、整理进给率、最小切削进给率和最大切削进给率的值，而无须转到优化设置选项卡窗口。如图 10-32 和图 10-33 所示。

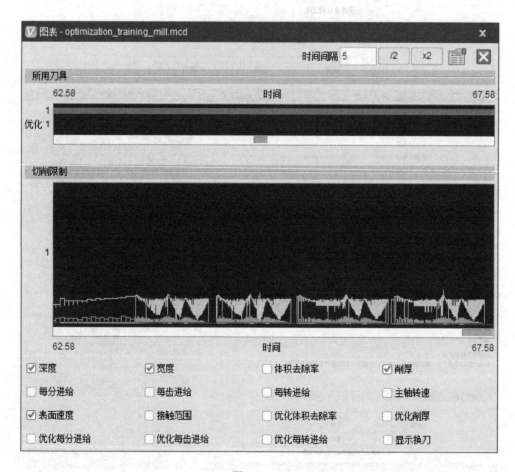

图 10-32

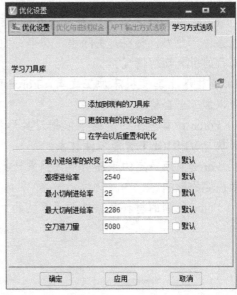

图　10-33

5）根据 NC 程序中遇到的切削条件，从 NC 程序模式中学习创建的优化记录，如图 10-34 所示。

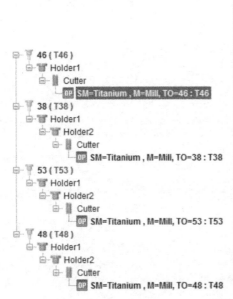

图　10-34

本 章 小 结

1）Force 给编程人员提供前所未有的加工信息，可以轻易看到每一刀的加工情况，包括切削条件、受力、材料、去除率、功率、扭矩和刀具变形等。通过简单操作即可看到加工所选择行的所有切削情况。

2）在程序上真实机床加工之前，Force 可以预先分析整个加工过程。真实加工时，一次便可以加工出合格的产品。

3）Force 计算理想的进给率依据刀具形状与参数、毛坯材料属性、刀具材质、详细的刀具形状与 VERICUT 智能零件技术。

4）Force 使用特定的毛坯材料数据来计算切削条件，并考虑毛坯的强度、切削力条件、摩擦和温度的影响。

5）Force 使用的材料数据来源于真实的加工实验结果，而不是依靠有限元分析结果。